초등

수·연산

다음 학년 수학이 쉬워지는

수해력

2단계

|초등 2학년 권장|

수학은 왜 어렵게 느껴질까요?

가장 큰 이유는 수학 학습의 특성 때문입니다.

수학은 내용들이 유기적으로 연결되어 학습이 누적된다는 특징을 갖고 있습니다.

내용 간의 위계가 확실하고 학년마다 개념이 점진적으로 확장되어 나선형 구조라고도 합니다.

이 때문에 작은 부분에서도 이해를 제대로 하지 못하고 넘어가면,

작은 구멍들이 모여 커다란 학습 공백을 만들게 됩니다.

이로 인해 수학에 대한 흥미와 자신감까지 잃을 수 있습니다.

수학 실력은 한 번에 길러지는 것이 아니라 꾸준한 학습을 통해 향상됩니다.

하지만 단순히 문제를 반복적으로 풀기만 한다면 사고의 폭이 제한될 수 있습니다.

따라서 올바른 방법으로 수학을 학습하는 것이 중요합니다.

EBS 초등 수해력 교재를 통해 학습 효과를 극대화할 수 있는 올바른 수학 학습을 안내하겠습니다.

1 걸려 넘어지기 쉬운 내용 요소를 알고 대비해야 합니다.

학습은 효율이 중요합니다. 무턱대고 시작하면 힘만 들 뿐 실력은 크게 늘지 않습니다.
쉬운 내용은 간결하게 넘기고, 중요한 부분은 강화 단원의 안내에 따라 집중 학습하세요.

＊학교 선생님들이 모여 학생들이 자주 걸려 넘어지는 내용을 선별하고, 개념 강화/연습 강화/응용 강화 단원으로 구성했습니다.

2 새로운 개념은 이미 아는 것과 연결하여 익혀야 합니다.

학년이 올라갈수록 수학의 개념은 점차 확장되고 깊어집니다. 아는 것과 모르는 것을 비교하여 학습하면 새로운 것이 더 쉬워지고, 개념의 핵심 원리를 이해할 수 있습니다.

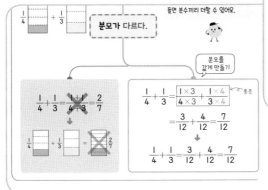

특히, 오개념을 형성하기 쉬운 개념은 잘못된 풀이와 올바른 풀이를 비교하며 확실하게 이해하고 넘어가세요.

3 문제 적응력을 길러 기억에 오래 남도록 학습해야 합니다.

단계별 문제를 통해 기초부터 응용까지 체계적으로 학습하며 문제 해결 능력까지 함께 키울 수 있습니다.

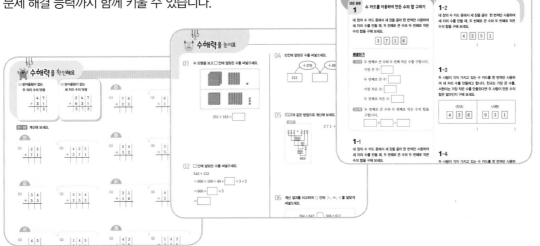

넘어지지 않는 것보다 중요한 것은, 넘어졌을 때 포기하지 않고 다시 나아가는 힘입니다.
EBS 초등 수해력과 함께 꾸준한 학습으로 수학의 기초 체력을 튼튼하게 길러 보세요.
어느 순간 수학이 쉬워지는 경험을 할 수 있을 거예요.

이 책의 구성과 특징

이번 단원에서 배울 내용을 만화를
통해 확인할 수 있습니다.

단원에서 등장하는 주요 수학
어휘를 살펴볼 수 있습니다.

중단원별로 강화된 부분을
확인할 수 있습니다.

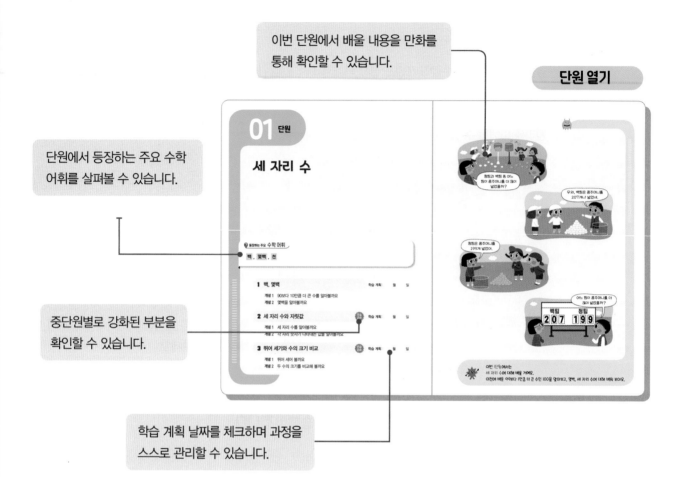

학습 계획 날짜를 체크하며 과정을
스스로 관리할 수 있습니다.

이전에 배운 내용과 새로 배울
내용을 한눈에 보면서 개념을
확장할 수 있습니다.

개념의 구조와 핵심 내용
을 시각적으로 파악할 수
있습니다.

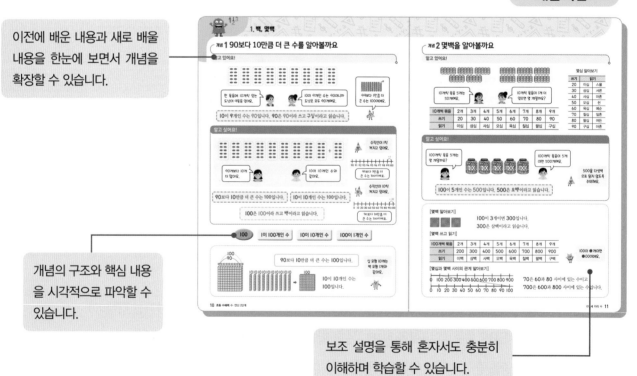

보조 설명을 통해 혼자서도 충분히
이해하며 학습할 수 있습니다.

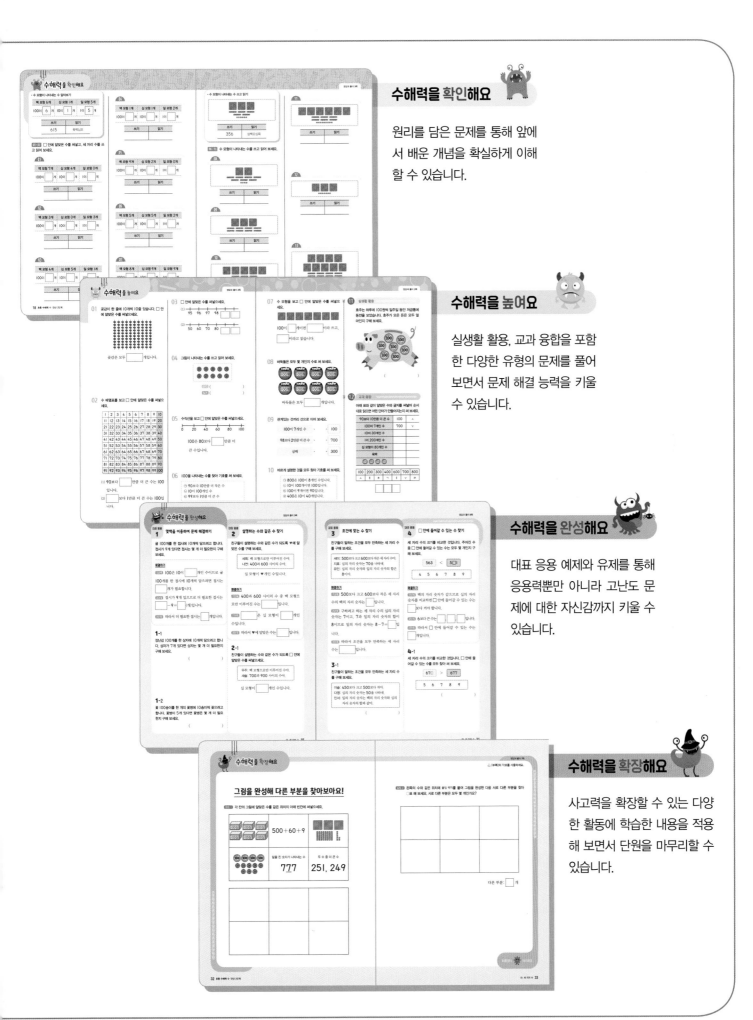

수해력을 확인해요

원리를 담은 문제를 통해 앞에서 배운 개념을 확실하게 이해할 수 있습니다.

수해력을 높여요

실생활 활용, 교과 융합을 포함한 다양한 유형의 문제를 풀어보면서 문제 해결 능력을 키울 수 있습니다.

수해력을 완성해요

대표 응용 예제와 유제를 통해 응용력뿐만 아니라 고난도 문제에 대한 자신감까지 키울 수 있습니다.

수해력을 확장해요

사고력을 확장할 수 있는 다양한 활동에 학습한 내용을 적용해 보면서 단원을 마무리할 수 있습니다.

초등 수학 학습 로드맵

EBS 초등 수해력은 '수·연산', '도형·측정'의 두 갈래의 영역으로 나누어져 있으며, 각 영역별로 예비 초등학생을 위한 P단계부터 6단계까지 총 7단계로 구성했습니다. 총 14권의 체계적인 교재 구성으로 꾸준하게 학습을 진행할 수 있습니다.

수·연산

	1단원	2단원	3단원	4단원	5단원
P단계	수 알기 →	모으기와 가르기 →	더하기와 빼기		
1단계	9까지의 수 →	한 자리 수의 덧셈과 뺄셈 →	100까지의 수 →	받아올림과 받아내림이 없는 두 자리 수의 덧셈과 뺄셈 →	세 수의 덧셈과 뺄셈
2단계	세 자리 수 →	네 자리 수 →	덧셈과 뺄셈 →	곱셈 →	곱셈구구
3단계	덧셈과 뺄셈 →	곱셈 →	나눗셈 →	분수와 소수	
4단계	큰 수 →	곱셈과 나눗셈 →	규칙과 관계 →	분수의 덧셈과 뺄셈 →	소수의 덧셈과 뺄셈
5단계	자연수의 혼합 계산 →	약수와 배수, 약분과 통분 →	분수의 덧셈과 뺄셈 →	수의 범위와 어림하기, 평균 →	분수와 소수의 곱셈
6단계	분수의 나눗셈 →	소수의 나눗셈 →	비와 비율 →	비례식과 비례배분	

도형·측정

	1단원	2단원	3단원	4단원	5단원
P단계	위치 알기 →	여러 가지 모양 →	비교하기 →	분류하기	
1단계	여러 가지 모양 →	비교하기 →	시계 보기		
2단계	여러 가지 도형 →	길이 재기 →	분류하기 →	시각과 시간	
3단계	평면도형 →	길이와 시간 →	원 →	들이와 무게	
4단계	각도 →	평면도형의 이동 →	삼각형 →	사각형 →	다각형
5단계	다각형의 둘레와 넓이 →	합동과 대칭 →	직육면체		
6단계	각기둥과 각뿔 →	직육면체의 부피와 겉넓이 →	공간과 입체 →	원의 넓이 →	원기둥, 원뿔, 구

이 책의 차례 ||||||||||||||||||||||||||||||||||||||||||||||||||||

01 단원

세 자리 수

등장하는 주요 수학 어휘

백 , 몇백 , 천

이번 1단원에서는
세 자리 수에 대해 배울 거예요.
이전에 배운 99보다 1만큼 더 큰 수인 100을 알아보고, 몇백, 세 자리 수에 대해 배워 보아요.

1. 백, 몇백

개념 1 90보다 10만큼 더 큰 수를 알아볼까요

한 묶음에 10개씩 있는 도넛이 9묶음 있어요.

10이 9개인 수는 90이니까 도넛은 모두 90개예요.

99보다 1만큼 더 큰 수는 100이에요.

10이 **9**개인 수는 90입니다. **90**은 90이라 쓰고 **구십**이라고 읽습니다.

알고 싶어요!

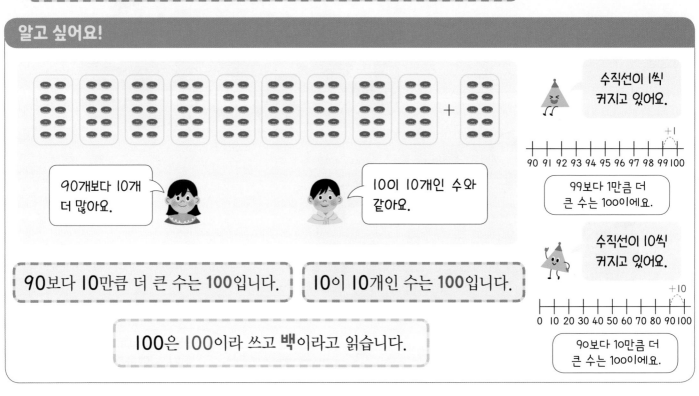

90개보다 10개 더 많아요.

10이 10개인 수와 같아요.

수직선이 1씩 커지고 있어요.

90 91 92 93 94 95 96 97 98 99 100

99보다 1만큼 더 큰 수는 100이에요.

수직선이 10씩 커지고 있어요.

0 10 20 30 40 50 60 70 80 90 100

90보다 10만큼 더 큰 수는 100이에요.

90보다 **10**만큼 더 큰 수는 100입니다.

10이 10개인 수는 100입니다.

100은 100이라 쓰고 **백**이라고 읽습니다.

100

1이 100개인 수

10이 10개인 수

100이 1개인 수

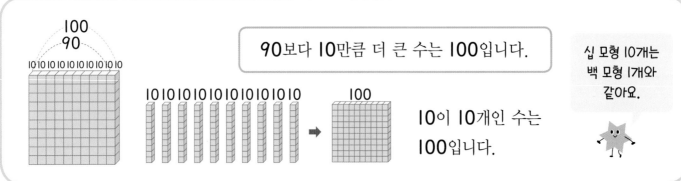

100
90
10 10 10 10 10 10 10 10 10

10 10 10 10 10 10 10 10 10 10

100

90보다 10만큼 더 큰 수는 100입니다.

10이 10개인 수는 100입니다.

십 모형 10개는 백 모형 1개와 같아요.

개념 2 몇백을 알아볼까요

알고 있어요!

 10개씩 묶음 5개는 50개예요.

 10개씩 묶음이 1개 더 있으면 몇 개일까요?

10개씩 묶음	2개	3개	4개	5개	6개	7개	8개	9개
쓰기	20	30	40	50	60	70	80	90
읽기	이십	삼십	사십	오십	육십	칠십	팔십	구십

몇십 알아보기

쓰기	읽기	
20	이십	스물
30	삼십	서른
40	사십	마흔
50	오십	쉰
60	육십	예순
70	칠십	일흔
80	팔십	여든
90	구십	아흔

알고 싶어요!

 100개씩 묶음 5개는 몇 개일까요?

 100개씩 묶음이 5개 이면 500개예요.

 500을 다섯백 으로 읽지 않도록 주의해요.

100이 5개인 수는 500입니다. 500은 **오백**이라고 읽습니다.

[몇백 알아보기]

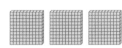

100이 3개이면 300입니다.
300은 삼백이라고 읽습니다.

[몇백 쓰고 읽기]

100개씩 묶음	2개	3개	4개	5개	6개	7개	8개	9개
쓰기	200	300	400	500	600	700	800	900
읽기	이백	삼백	사백	오백	육백	칠백	팔백	구백

 100이 ●개이면 ●00이에요.

[몇십과 몇백 사이의 관계 알아보기]

0 100 200 300 400 500 600 700 800 900

0 10 20 30 40 50 60 70 80 90 100

70은 60과 80 사이에 있는 수이고
700은 600과 800 사이에 있는 수입니다.

수해력을 확인해요

• 수 모형이 나타내는 수 알아보기

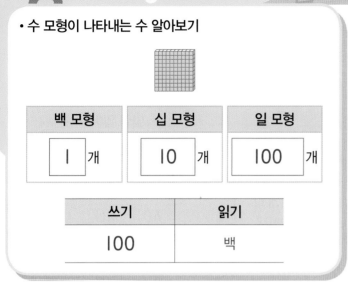

백 모형	십 모형	일 모형
1 개	10 개	100 개

쓰기	읽기
100	백

01~05 수 모형에 맞게 □ 안에 알맞은 수를 써넣고, 수 모형이 나타내는 수를 쓰고 읽어 보세요.

01

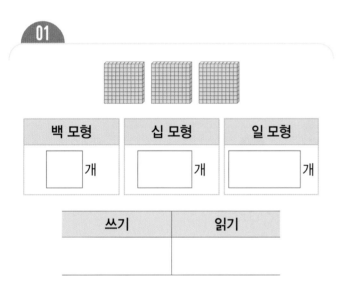

백 모형	십 모형	일 모형
개	개	개

쓰기	읽기

02

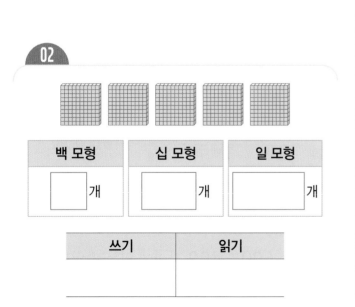

백 모형	십 모형	일 모형
개	개	개

쓰기	읽기

03

백 모형	십 모형	일 모형
개	개	개

쓰기	읽기

04

백 모형	십 모형	일 모형
개	개	개

쓰기	읽기

05

백 모형	십 모형	일 모형
개	개	개

쓰기	읽기

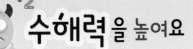
01 곶감이 한 줄에 10개씩 10줄 있습니다. □ 안에 알맞은 수를 써넣으세요.

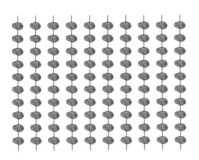

곶감은 모두 [   ]개입니다.

02 수 배열표를 보고 □ 안에 알맞은 수를 써넣으세요.

1	2	3	4	5	6	7	8	9	10
11	12	13	14	15	16	17	18	19	20
21	22	23	24	25	26	27	28	29	30
31	32	33	34	35	36	37	38	39	40
41	42	43	44	45	46	47	48	49	50
51	52	53	54	55	56	57	58	59	60
61	62	63	64	65	66	67	68	69	70
71	72	73	74	75	76	77	78	79	80
81	82	83	84	85	86	87	88	89	90
91	92	93	94	95	96	97	98	99	100

(1) 90보다 [   ]만큼 더 큰 수는 100 입니다.

(2) [   ]보다 1만큼 더 큰 수는 100입 니다.

03 □ 안에 알맞은 수를 써넣으세요.

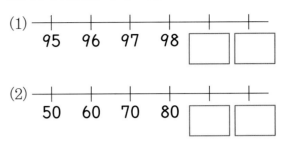

(1) 95 96 97 98 [   ] [   ]

(2) 50 60 70 80 [   ] [   ]

04 그림이 나타내는 수를 쓰고 읽어 보세요.

쓰기 (   )

읽기 (   )

05 수직선을 보고 □ 안에 알맞은 수를 써넣으세요.

0   20   40   60   80   100

100은 80보다 [   ]만큼 더

큰 수입니다.

06 100을 나타내는 수를 찾아 기호를 써 보세요.

┌─────────────────────────┐
│ ㉠ 90보다 10만큼 더 작은 수   │
│ ㉡ 10이 100개인 수   │
│ ㉢ 99보다 1만큼 더 큰 수   │
└─────────────────────────┘

(   )

07 수 모형을 보고 □ 안에 알맞은 수를 써넣으세요.

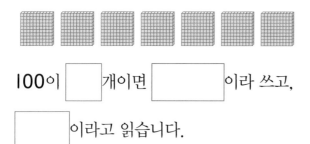

100이 ☐ 개이면 ☐ 이라 쓰고,

☐ 이라고 읽습니다.

08 바둑돌은 모두 몇 개인지 수로 써 보세요.

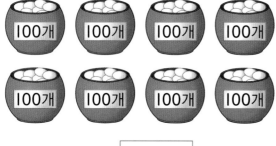

바둑돌은 모두 ☐ 개입니다.

09 관계있는 것끼리 선으로 이어 보세요.

100이 7개인 수 · · 100

98보다 2만큼 더 큰 수 · · 700

삼백 · · 300

10 바르게 설명한 것을 모두 찾아 기호를 써 보세요.

㉠ 800은 100이 8개인 수입니다.
㉡ 10이 100개이면 100입니다.
㉢ 100이 9개이면 90입니다.
㉣ 400은 10이 40개입니다.

( )

11 실생활 활용

효주는 하루에 100원씩 일주일 동안 저금통에 동전을 모았습니다. 효주가 모은 돈은 모두 얼마인지 구해 보세요.

( )

12 교과 융합

아래 표와 같이 알맞은 수와 글자를 써넣어 순서대로 읽으면 어떤 단어가 만들어지는지 써 보세요.

90보다 10만큼 더 큰 수	100	ㅅ
100이 7개인 수	700	ㅜ
10이 30개인 수		
1이 200개인 수		
십 모형이 80개인 수		
육백		
🪙🪙🪙🪙		

100	200	300	400	600	700	800
ㅅ	ㅐ	ㅎ	ㄱ	ㅕ	ㅜ	ㄹ

☐ ☐ ☐

수해력을 완성해요

대표 응용 1 몇백을 이용하여 문제 해결하기

귤 100개를 한 접시에 10개씩 담으려고 합니다. 접시가 9개 있다면 접시는 몇 개 더 필요한지 구해 보세요.

해결하기

1단계 100은 10이 ☐ 개인 수이므로 귤 100개를 한 접시에 10개씩 담으려면 접시는 ☐ 개가 필요합니다.

2단계 접시가 9개 있으므로 더 필요한 접시는 ☐ −9= ☐ (개)입니다.

3단계 따라서 더 필요한 접시는 ☐ 개입니다.

1-1

장난감 100개를 한 상자에 10개씩 담으려고 합니다. 상자가 7개 있다면 상자는 몇 개 더 필요한지 구해 보세요.

(   )

1-2

꽃 100송이를 한 개의 꽃병에 10송이씩 꽂으려고 합니다. 꽃병이 5개 있다면 꽃병은 몇 개 더 필요한지 구해 보세요.

(   )

대표 응용 2 설명하는 수와 같은 수 찾기

친구들이 설명하는 수와 같은 수가 되도록 ♥에 알맞은 수를 구해 보세요.

> 세희: 백 모형으로만 이루어진 수야.
> 나연: 400과 600 사이의 수야.

십 모형이 ♥개인 수입니다.

해결하기

1단계 400과 600 사이의 수 중 백 모형으로만 이루어진 수는 ☐ 입니다.

2단계 ☐ 은 십 모형이 ☐ 개인 수입니다.

3단계 따라서 ♥에 알맞은 수는 ☐ 입니다.

2-1

친구들이 설명하는 수와 같은 수가 되도록 ☐ 안에 알맞은 수를 써넣으세요.

> 우주: 백 모형으로만 이루어진 수야.
> 새솔: 700과 900 사이의 수야.

십 모형이 ☐ 개인 수입니다.

개념 1 세 자리 수를 알아볼까요

알고 있어요!

10개씩 묶음	낱개
3	5

쓰기 35

읽기 삼십오, 서른다섯

10개가 더 있으면 몇 개일까요?

 45 ➡ 사십오 마흔다섯

10개씩 묶음 4개와 낱개 5개를 45라 고 합니다.

알고 싶어요!

 100개씩 묶음이 2개, 10개씩 묶음이 3개, 낱개는 4개가 있어요.

백 모형, 십 모형, 일 모형이 각각 몇 개 씩인지 알아보아요.

백 모형	십 모형	일 모형
100이 2개	10이 3개	1이 4개

100이 2개, 10이 3개, 1이 4개이면 234입니다.

쓰기 234
읽기 이백삼십사

숫자가 1일 때 숫자는 읽지 않고 자리만 읽어요.
316 → 삼백일십육(X)
316 → 삼백십육(○)

100이 ●개   10이 ♥개   1이 ▲개   ➡   ●♥▲

백 모형	십 모형	일 모형
100이 3개	10이 5개	1이 0개

100이 3개, 10이 5개, 1이 0개 이면 350입니다.

350은 삼백오십이라고 읽습니다.

백 모형	십 모형	일 모형
100이 2개	10이 0개	1이 3개

100이 2개, 10이 0개, 1이 3개 이면 203입니다.

203은 이백삼이라고 읽습니다.

숫자가 0일 때 숫자와 자리 모두 읽지 않아요.
407 → 사백영십칠(X)
407 → 사백칠(○)

개념 2 각 자리 숫자가 나타내는 값을 알아볼까요

알고 있어요!

87

10개씩 묶음	낱개
십의 자리	일의 자리
8	7

10개씩 묶음 8개는 80이고 낱개 7개가 더해져 87이 돼요.

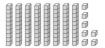

8 7
십의 자리 ← └ → 일의 자리

알고 싶어요!

538

백의 자리	십의 자리	일의 자리
5	3	8

⬇

5	0	0
	3	0
		8

세 자리 수의 각 자리는 오른쪽부터 왼쪽으로 한 자리씩 옮겨 가며 일의 자리, 십의 자리, 백의 자리가 돼요.

5는 백의 자리 숫자이고 500을 나타냅니다.
3은 십의 자리 숫자이고 30을 나타냅니다.
8은 일의 자리 숫자이고 8을 나타냅니다.

$$538=500+30+8$$

 ➡

333

자리	백의 자리	십의 자리	일의 자리
숫자	3	3	3
나타내는 값	300	30	3

3은 백의 자리 숫자이고 300을 나타냅니다.
3은 십의 자리 숫자이고 30을 나타냅니다.
3은 일의 자리 숫자이고 3을 나타냅니다.

$$333=300+30+3$$

숫자가 같아도 어느 자리에 있느냐에 따라 나타내는 값이 달라져요.

수해력 을 확인해요

• 수 모형이 나타내는 수 알아보기

백 모형 6개	십 모형 1개	일 모형 5개
100이 **6** 개	10이 **1** 개	1이 **5** 개

쓰기	읽기
615	육백십오

01~07 □ 안에 알맞은 수를 써넣고, 세 자리 수를 쓰고 읽어 보세요.

01

백 모형 7개	십 모형 4개	일 모형 0개
100이 ☐ 개	10이 ☐ 개	1이 ☐ 개

쓰기	읽기

02

백 모형 3개	십 모형 0개	일 모형 3개
100이 ☐ 개	10이 ☐ 개	1이 ☐ 개

쓰기	읽기

03

백 모형 4개	십 모형 5개	일 모형 1개
100이 ☐ 개	10이 ☐ 개	1이 ☐ 개

쓰기	읽기

04

백 모형 1개	십 모형 1개	일 모형 2개
100이 ☐ 개	10이 ☐ 개	1이 ☐ 개

쓰기	읽기

05

백 모형 9개	십 모형 2개	일 모형 0개
100이 ☐ 개	10이 ☐ 개	1이 ☐ 개

쓰기	읽기

06

백 모형 5개	십 모형 5개	일 모형 2개
100이 ☐ 개	10이 ☐ 개	1이 ☐ 개

쓰기	읽기

07

백 모형 8개	십 모형 9개	일 모형 9개
100이 ☐ 개	10이 ☐ 개	1이 ☐ 개

쓰기	읽기

• 수 모형이 나타내는 수 쓰고 읽기

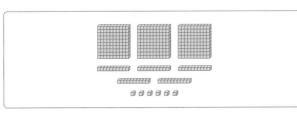

쓰기	읽기
356	삼백오십육

08~13 수 모형이 나타내는 수를 쓰고 읽어 보세요.

11

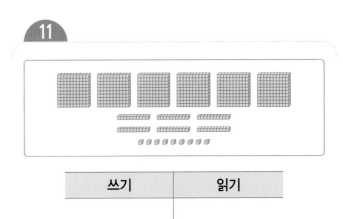

쓰기	읽기

08

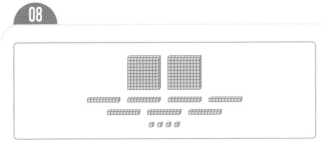

쓰기	읽기

09

쓰기	읽기

10

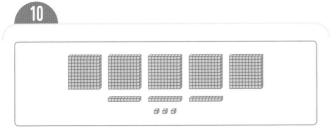

쓰기	읽기

12

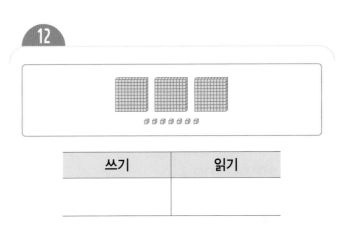

쓰기	읽기

13

쓰기	읽기

- 각 자리 숫자가 나타내는 값 알아보기

$$313$$

100이 3개	10이 1개	1이 3개
300	10	3

$$313 = \boxed{300} + 10 + \boxed{3}$$

14~18 □ 안에 알맞은 수를 써넣으세요.

14

$$277$$

100이 2개	10이 7개	1이 7개
200	□	□

$$277 = 200 + \boxed{} + \boxed{}$$

15

$$849$$

100이 8개	10이 □개	1이 □개
□	40	□

$$849 = \boxed{} + 40 + \boxed{}$$

16

$$\boxed{}$$

100이 3개	10이 0개	1이 9개
300	□	□

$$\boxed{} = 300 + \boxed{} + \boxed{}$$

17

$$\boxed{}$$

100이 8개	10이 □개	1이 8개
□	80	□

$$\boxed{} = \boxed{} + 80 + \boxed{}$$

18

$$\boxed{}$$

100이 6개	10이 □개	1이 7개
□	0	□

$$\boxed{} = \boxed{} + 0 + \boxed{}$$

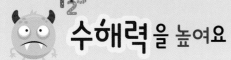
수해력을 높여요

01 다음 수를 쓰고 읽어 보세요.

> 100이 7개, 10이 8개, 1이 8개인 수

쓰기 (   )

읽기 (   )

02 관계있는 것끼리 선으로 이어 보세요.

809	•		•	팔백십구
819	•		•	팔백구십
890	•		•	팔백구

03 빈칸에 알맞은 수나 말을 써넣으세요.

562	
육백오십	
409	

04 수 모형 4개 중 3개를 사용하여 나타낼 수 있는 세 자리 수에 모두 ○표 하세요.

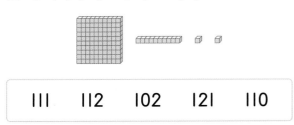

111   112   102   121   110

05 다음 수를 써 보세요.

> 10이 28개이고 1이 9개인 수

(   )

06 동전은 모두 얼마인가요?

(   )

07 수를 바르게 읽은 친구의 이름을 써 보세요.

> 새봄: 607은 육백칠십이라고 읽어.
> 산이: 650은 육백오십영이라고 읽어.
> 주호: 903은 구백삼이라고 읽어.

(   )

08 861에 대해 친구들이 이야기를 나누고 있습니다. □ 안에 알맞은 수나 말을 써넣으세요.

> 나래: 8은 □의 자리 숫자이고,
>
> □을 나타냅니다.
>
> 미주: 6은 □의 자리 숫자이고, □
>
> 을 나타냅니다.
>
> 다혜: 1은 □의 자리 숫자이고, □
>
> 을 나타냅니다.

09 와 같이 주어진 수를 각 자리의 숫자가 나타내는 값의 합으로 나타내 보세요.

> **보기**
>
> $$528 = 500 + 20 + 8$$

965 = ☐ + ☐ + ☐

10 숫자 7이 70을 나타내는 수를 모두 찾아 ○표 하세요.

107   175   467   973   703

11 밑줄 친 숫자가 나타내는 값을 빈칸에 써넣으세요.

4<u>2</u>3 ☐   <u>5</u>09 ☐

12 숫자 9가 나타내는 수가 가장 작은 수에 색칠해 보세요.

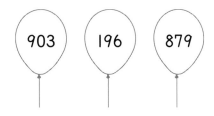

903   196   879

13 수 카드를 한 번씩만 사용하여 세 자리 수를 만들려고 합니다. 십의 자리 숫자가 2인 가장 작은 세 자리 수를 만들어 보세요.

5   7   2

(   )

14 실생활 활용

수혜는 동전으로 463원을 만들려고 합니다. 10원짜리는 몇 개가 필요한지 ♥에 알맞은 수를 구해 보세요.

100원짜리	10원짜리	1원짜리
3개	♥개	3개

(   )

15 교과 융합

거울은 물건을 똑같이 비춥니다. 거울 수는 121, 232와 같이 왼쪽과 오른쪽이 똑같아서 거꾸로 읽어도 원래의 수와 같은 수를 말합니다. 200부터 299까지의 수 중에서 거울 수는 모두 몇 개인지 구해 보세요.

(   )

수해력을 완성해요

대표 응용 1 필요한 동전의 수 찾기

100원짜리, 10원짜리, 1원짜리 동전으로 635원을 만들려고 합니다. ♥에 알맞은 수를 구해 보세요.

100원짜리	10원짜리	1원짜리
♥개	13개	5개

해결하기

1단계 10이 10개이면 ☐이므로

10원짜리가 10개이면 ☐원입니다.

2단계 600원이 되려면 ☐원이 더 필요합니다.

3단계 따라서 필요한 100원짜리는 ☐개이므로 ♥에 알맞은 수는 ☐입니다.

1-1

100원짜리, 10원짜리, 1원짜리 동전으로 392원을 만들려고 합니다. ☐ 안에 알맞은 수를 써넣으세요.

100원짜리	10원짜리	1원짜리
1개	☐개	2개

대표 응용 2 수 카드로 세 자리 수 만들기

수 카드를 한 번씩만 사용하여 만들 수 있는 세 자리 수 중에서 가장 큰 수와 가장 작은 수를 구해 보세요.

5 1 3

해결하기

1단계 ☐ > ☐ > ☐ 이므로 가장 큰 수는 ☐을/를 백의 자리에, ☐을/를 십의 자리에, ☐을/를 일의 자리에 놓습니다.

2단계 가장 작은 수는 ☐을/를 백의 자리에, ☐을/를 십의 자리에, ☐을/를 일의 자리에 놓습니다.

3단계 따라서 가장 큰 수는 ☐, 가장 작은 수는 ☐입니다.

2-1

수 카드를 한 번씩만 사용하여 만들 수 있는 세 자리 수 중에서 가장 큰 수와 가장 작은 수를 구해 보세요.

7 9 4

가장 큰 수	가장 작은 수

3. 뛰어 세기와 수의 크기 비교

개념 1 뛰어 세어 볼까요

알고 있어요!

48 49 50 51 52 53

(48)-(49)-(50)-(51)-(52)-(53)

48번 사물함의 바로 왼쪽 사물함 번호는 몇 번일까요?

48보다 1만큼 더 작은 수는 47이에요.

1 작은 수		1 큰 수
(49)	(50)	(51)

알고 싶어요!

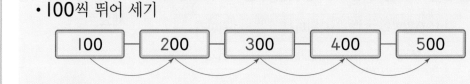

- 100씩 뛰어 세기

100 — 200 — 300 — 400 — 500

백의 자리 숫자가 1씩 커지네요.

- 10씩 뛰어 세기

310 — 320 — 330 — 340 — 350

십의 자리 숫자가 1씩 커지므로 10씩 커집니다.

- 1씩 뛰어 세기

571 — 572 — 573 — 574 — 575

일의 자리 숫자가 1씩 커지므로 1씩 커집니다.

1000

  →

999보다 1만큼 더 큰 수는 1000입니다.

1000은 **천**이라고 읽습니다.

세 자리 수 중에서 가장 큰 수는 999예요.

1000	999보다 1만큼 더 큰 수	990보다 10만큼 더 큰 수	900보다 100만큼 더 큰 수

개념 2 두 수의 크기를 비교해 볼까요

알고 있어요!

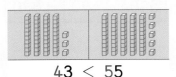

43 < 55

55는 43보다 큽니다.

43은 55보다 작습니다.

36 > 34

36은 34보다 큽니다.

34는 36보다 작습니다.

알고 싶어요!

| 347 | | < | | 424 |

백 모형	십 모형	일 모형	백 모형	십 모형	일 모형

세 자리 수의 크기를 비교할 때에는 백의 자리 숫자부터 차례로 비교해요.

백의 자리 숫자가 클수록 큰 수입니다.

| 252 | | > | | 238 |

백 모형	십 모형	일 모형	백 모형	십 모형	일 모형

백의 자리 숫자가 같으면 십의 자리 숫자가 클수록 큰 수입니다.

| 465 | | > | | 463 |

백 모형	십 모형	일 모형	백 모형	십 모형	일 모형

백의 자리, 십의 자리 숫자가 같으면 일의 자리 숫자가 클수록 큰 수입니다.

617 > 389
↳ 6>3 ↵

495 > 479
↳ 9>7 ↵

763 < 765
↳ 3<5 ↵

[수직선에서 두 수의 크기 비교]

547   552

540   550   560

수직선에서는 오른쪽에 있는 수일수록 더 큰 수입니다.

수해력을 확인해요

• 100씩 뛰어 세기

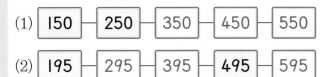

(1) 150 — 250 — 350 — 450 — 550

(2) 195 — 295 — 395 — 495 — 595

• 100씩 거꾸로 뛰어 세기

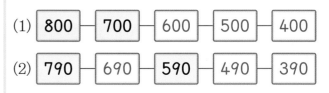

(1) 800 — 700 — 600 — 500 — 400

(2) 790 — 690 — 590 — 490 — 390

01

100씩 뛰어 세어 보세요.

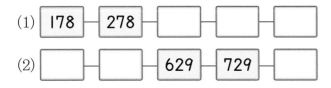

(1) 178 — 278 — ☐ — ☐ — ☐

(2) ☐ — ☐ — 629 — 729 — ☐

04

100씩 거꾸로 뛰어 세어 보세요.

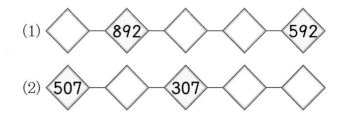

(1) ◇ — 892 — ◇ — ◇ — 592

(2) 507 — ◇ — 307 — ◇ — ◇

02

10씩 뛰어 세어 보세요.

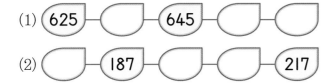

(1) 625 — ☐ — 645 — ☐ — ☐

(2) ☐ — 187 — ☐ — ☐ — 217

05

10씩 거꾸로 뛰어 세어 보세요.

(1) ♡ — ♡ — 757 — 747 — ♡

(2) 575 — ♡ — ♡ — 545 — ♡

03

1씩 뛰어 세어 보세요.

(1) 532 — 533 — ☐ — ☐ — ☐

(2) ☐ — 299 — ☐ — ☐ — 302

06

1씩 거꾸로 뛰어 세어 보세요.

(1) 107 — ☆ — ☆ — ☆ — 103

(2) ☆ — 825 — 824 — ☆ — ☆

• 두 수의 크기 비교하기

	백의 자리	십의 자리	일의 자리
537	5	3	7
605	6	0	5

537 $<$ 605

07~13 빈칸에 알맞은 수를 써넣고 두 수의 크기를 비교하여 ○ 안에 > 또는 <를 알맞게 써넣으세요.

 07

	백의 자리	십의 자리	일의 자리
360	3	6	0
299			

360 ◯ 299

 08

	백의 자리	십의 자리	일의 자리
936	9	3	6
926			

936 ◯ 926

 09

	백의 자리	십의 자리	일의 자리
808	8	0	8
816			

808 ◯ 816

 10

	백의 자리	십의 자리	일의 자리
337	3	3	7
333			

337 ◯ 333

 11

	백의 자리	십의 자리	일의 자리
624	6	2	4
651			

624 ◯ 651

 12

	백의 자리	십의 자리	일의 자리
456	4	5	6
465			

456 ◯ 465

 13

	백의 자리	십의 자리	일의 자리
205	2	0	5
209			

205 ◯ 209

01 빈칸에 알맞은 수를 써넣으세요.

02 빈칸에 알맞은 수를 써넣으세요.

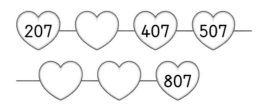

03 357부터 10씩 뛰어서 세어 선으로 이어 보세요.

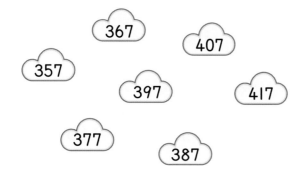

04 450부터 100씩 뛰어 세었습니다. 빈칸에 알맞은 수를 써넣으세요.

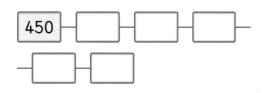

05 보기 와 같은 규칙에 따라 뛰어서 세어 빈칸에 알맞은 수를 써넣으세요.

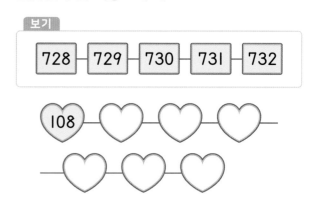

06 뛰어 세는 규칙을 찾아 ㉠에 알맞은 수를 구해 보세요.

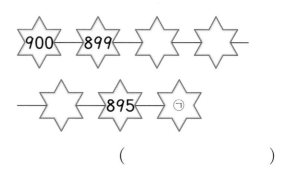

(   )

07 더 큰 수에 ○표 하세요.

809	812

08 두 수의 크기를 비교하여 ○ 안에 > 또는 < 를 알맞게 써넣으세요.

구백이십사 ◯ 909

09 가장 큰 수에 ○표, 가장 작은 수에 △표 하세요.

562	564	550

10 나타내는 수가 가장 큰 수를 찾아 기호를 써 보세요.

> ㉠ 604
> ㉡ 육백십
> ㉢ 100이 6개, 1이 9개인 수

( )

11 수의 크기를 비교하여 가장 큰 수부터 순서대로 써 보세요.

| 819 | 822 | 798 |

( )

12 696보다 크고 702보다 작은 수는 모두 몇 개인가요?

( )

13 주희는 칭찬스티커를 112개, 연두는 108개 모 았습니다. 칭찬스티커를 더 많이 모은 사람은 누구인가요?

( )

14 백의 자리 숫자가 5, 일의 자리 숫자가 9인 수 중에서 가장 작은 수를 구해 보세요.

( )

15 실생활 활용

다음은 새솔이와 푸름이의 저금통에 들어 있는 동전의 수입니다. 두 사람의 저금통에 들어 있 는 돈은 얼마인지 빈칸에 알맞은 수를 써넣고, 더 많은 돈이 들어 있는 곳에 ○표 하세요.

새솔	100원짜리 6개, 10원짜리 9개
푸름	100원짜리 4개, 10원짜리 28개, 1원짜리 3개

새솔	푸름
원	원

16 교과 융합

아름이네 교실에 색종이가 다음과 같이 있습니 다. 파란색 색종이와 빨간색 색종이 중 더 많은 것은 무엇인지 구해 보세요.

> 파란색 색종이: 10장씩 33상자
> 빨간색 색종이: 100장씩 3상자와
> 10장씩 2상자

( ) 색종이

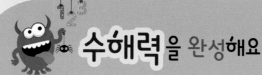

수해력을 완성해요

뛰어 센 수 찾기(1)

어떤 수에서 100씩 3번 뛰어 센 수는 600입니다. 어떤 수에서 10씩 5번 뛰어 센 수를 구해 보세요.

해결하기

1단계 어떤 수에서 100씩 3번 뛰어 센 수가 600이므로 어떤 수는 ☐ 에서 100씩 거꾸로 3번 뛰어 센 수입니다.

2단계 600에서 100씩 거꾸로 뛰어 세면

600 − ☐ − ☐ − ☐

이므로 어떤 수는 ☐ 입니다.

3단계 따라서 ☐ 에서 10씩 5번 뛰어 센 수는 ☐ 입니다.

1-1

어떤 수에서 10씩 3번 뛰어 센 수는 540입니다. 어떤 수에서 100씩 2번 뛰어 센 수를 구해 보세요.

(   )

1-2

어떤 수에서 1씩 4번 뛰어 센 수는 634입니다. 어떤 수에서 10씩 거꾸로 3번 뛰어 센 수를 구해 보세요.

(   )

뛰어 센 수 찾기(2)

왼쪽 세 자리 수부터 200씩 뛰어 세기를 하였습니다. ㉠, ㉡에 알맞은 수를 각각 구해 보세요.

☐☐7 ― 5☐☐ ― ㉠4㉡

해결하기

1단계 ☐☐7부터 200씩 한 번 뛰어 세었더니 백의 자리 숫자가 5가 되었으므로 ☐☐7의 백의 자리 숫자는 ☐ 입니다.

2단계 200씩 뛰어 세면 십의 자리 숫자와 일의 자리 숫자는 변하지 않으므로 5☐☐의 십의 자리 숫자는 ☐ 이고, 일의 자리 숫자는 ☐ 입니다.

3단계 따라서 5☐☐에서 200씩 뛰어 세면 ㉠은 ☐, ㉡은 ☐ 입니다.

2-1

왼쪽 세 자리 수부터 5씩 뛰어 세기를 하였습니다. ㉠, ㉡에 알맞은 수를 각각 구해 보세요.

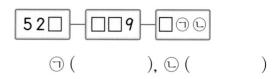

㉠ (   ), ㉡ (   )

2-2

왼쪽 세 자리 수부터 20씩 뛰어 세기를 하였습니다. ㉠, ㉡에 알맞은 수를 각각 구해 보세요.

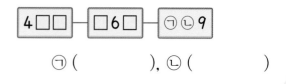

㉠ (   ), ㉡ (   )

대표 응용 3 조건에 맞는 수 찾기

친구들이 말하는 조건을 모두 만족하는 세 자리 수를 구해 보세요.

> 세미: 500보다 크고 600보다 작은 세 자리 수야.
> 지호: 십의 자리 숫자는 70을 나타내.
> 유민: 십의 자리 숫자와 일의 자리 숫자의 합은 8이야.

해결하기

[1단계] 500보다 크고 600보다 작은 세 자리 수의 백의 자리 숫자는 [ ] 입니다.

[2단계] 구하려고 하는 세 자리 수의 십의 자리 숫자는 7이고, 7과 일의 자리 숫자의 합이 8이므로 일의 자리 숫자는 $8-7=$ [ ] 입니다.

[3단계] 따라서 조건을 모두 만족하는 세 자리 수는 [ ] 입니다.

3-1

친구들이 말하는 조건을 모두 만족하는 세 자리 수를 구해 보세요.

> 이슬: 450보다 크고 500보다 작아.
> 다영: 십의 자리 숫자는 50을 나타내.
> 민서: 일의 자리 숫자는 백의 자리 숫자와 십의 자리 숫자의 합과 같아.

( )

대표 응용 4 □ 안에 들어갈 수 있는 수 찾기

세 자리 수의 크기를 비교한 것입니다. 주어진 수 중 □ 안에 들어갈 수 있는 수는 모두 몇 개인지 구해 보세요.

| 563 | < | 5□1 |

| 4 5 6 7 8 9 |

해결하기

[1단계] 백의 자리 숫자가 같으므로 십의 자리 숫자를 비교하면 □ 안에 들어갈 수 있는 수는 [ ] 보다 커야 합니다.

[2단계] 6보다 큰 수는 [ ], [ ], [ ] 입니다.

[3단계] 따라서 □ 안에 들어갈 수 있는 수는 [ ] 개입니다.

4-1

세 자리 수의 크기를 비교한 것입니다. □ 안에 들어갈 수 있는 수를 모두 찾아 써 보세요.

| 67□ | > | 677 |

| 5 6 7 8 9 |

( )

그림을 완성해 다른 부분을 찾아보아요!

활동 1 각 칸의 그림에 알맞은 수를 같은 위치의 아래 빈칸에 써넣으세요.

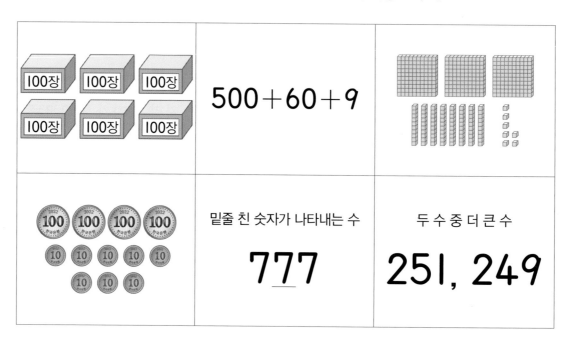

⚠ [부록]의 자료를 사용하세요.

활동 2 왼쪽의 수와 같은 위치에 붙임 딱지를 붙여 그림을 완성한 다음 서로 다른 부분을 찾아 ○표 해 보세요. 서로 다른 부분은 모두 몇 개인가요?

다른 부분: ☐ 개

02 단원

네 자리 수

유미야, 어느 놀이
기구를 먼저 타 볼까?

엄마, 롤러코스터, 바이킹,
범퍼카 중에 어떤 걸 먼저
타야 할지 모르겠어요.

놀이기구		어린이
롤러코스터	5500	3800
바이킹	5000	3500
범퍼카	3000	1500

이용 요금이 가장
낮은 놀이기구부터 먼저
타 볼까?

놀이기구	어른	어린이
롤러코스터	5500	3800
바이킹	5000	3500
범퍼카	3000	1500

이용 요금이 낮은
놀이기구는 무엇일까?

이번 2단원에서는
네 자리 수에 대해 배울 거예요.
이전에 배운 999보다 1만큼 더 큰 수인 1000을 알아보고, 몇천, 네 자리 수에 대해 배워 보아요.

개념 **1** 100이 10개인 수를 알아볼까요

알고 있어요!

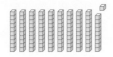

99보다 1만큼 더 큰 수는 100입니다.

쓰기 100

읽기 백

100이 10개가 있으면 100이에요.

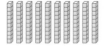

10이 10개인 수는 100이라 쓰고 백이라고 읽습니다.

알고 싶어요!

100원짜리 동전 10개는 1000원짜리 지폐 한 장과 같아요.

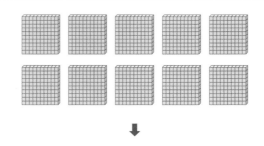

1000이 10개이면 1000이에요.

100이 10개이면 1000입니다.
1000은 **천**이라고 읽습니다.

1000

999보다 1만큼 더 큰 수

990보다 10만큼 더 큰 수

900보다 100만큼 더 큰 수

[1000을 여러 가지로 나타내기]

1000
- 1이 1000개인 수
- 10이 100개인 수
- 100이 10개인 수
- 1000이 1개인 수

개념 2 몇천을 알아볼까요

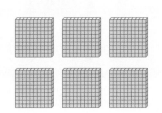

백 모형이 **6**개이면
600이라 쓰고 육백
이라고 읽습니다.

100원짜리 동전이 **5**개
이면 **500**원입니다.

쓰기 500
읽기 오백

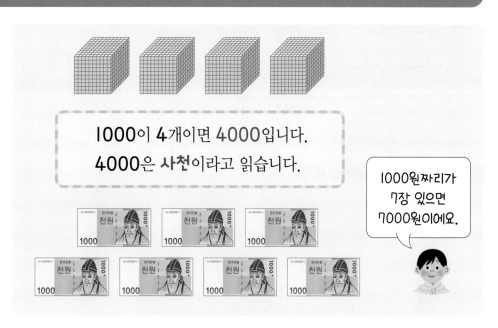

1000이 **4**개이면 **4000**입니다.
4000은 **사천**이라고 읽습니다.

1000원짜리가
7장 있으면
7000원이에요.

수	쓰기	읽기
1000이 2개	2000	이천
1000이 3개	3000	삼천
1000이 4개	4000	사천
1000이 5개	5000	오천
1000이 6개	6000	육천
1000이 7개	7000	칠천
1000이 8개	8000	팔천
1000이 9개	9000	구천

1000이 ♥개이면 ♥**000**이라 쓰고 ♥천이라고 읽습니다.

[5000을 여러 가지로 나타내기]

5000
─ 1이 5000개인 수
─ 10이 500개인 수
─ 100이 50개인 수
─ 1000이 5개인 수

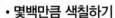

수해력을 확인해요

• 몇백만큼 색칠하기

100

(100) (100) (100)

(100) (100) (100)

(100) (100) (100)

• 몇천만큼 색칠하기

1000

(1000) (1000) (1000)

(1000) (1000) (1000)

(1000) (1000) (1000)

01~07 수만큼 색칠해 보세요.

01

(1) 200

(100) (100) (100)

(100) (100) (100)

(100) (100) (100)

(2) 2000

(1000) (1000) (1000)

(1000) (1000) (1000)

(1000) (1000) (1000)

02

(1) 300

(100) (100) (100)

(100) (100) (100)

(100) (100) (100)

(2) 3000

(1000) (1000) (1000)

(1000) (1000) (1000)

(1000) (1000) (1000)

03

(1) 400

(100) (100) (100)

(100) (100) (100)

(100) (100) (100)

(2) 4000

(1000) (1000) (1000)

(1000) (1000) (1000)

(1000) (1000) (1000)

04

(1) 500

(100) (100) (100)

(100) (100) (100)

(100) (100) (100)

(2) 5000

(1000) (1000) (1000)

(1000) (1000) (1000)

(1000) (1000) (1000)

05

(1) 600

(100) (100) (100)

(100) (100) (100)

(100) (100) (100)

(2) 6000

(1000) (1000) (1000)

(1000) (1000) (1000)

(1000) (1000) (1000)

06

(1) 700

(100) (100) (100)

(100) (100) (100)

(100) (100) (100)

(2) 7000

(1000) (1000) (1000)

(1000) (1000) (1000)

(1000) (1000) (1000)

07

(1) 900

(100) (100) (100)

(100) (100) (100)

(100) (100) (100)

(2) 9000

(1000) (1000) (1000)

(1000) (1000) (1000)

(1000) (1000) (1000)

- 몇백 쓰고 읽기

쓰기	200
읽기	이백

- 몇천 쓰고 읽기

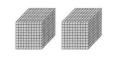

쓰기	2000
읽기	이천

08~13 수 모형이 나타내는 수를 쓰고 읽어 보세요.

08

(1)

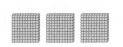

쓰기	
읽기	

(2)

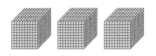

쓰기	
읽기	

09

(1)

쓰기	
읽기	

(2)

쓰기	
읽기	

10

(1)

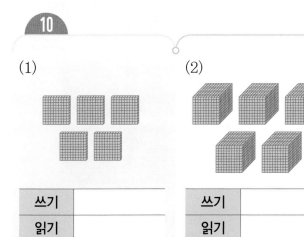

쓰기	
읽기	

(2)

쓰기	
읽기	

11

(1)

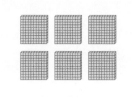

쓰기	
읽기	

(2)

쓰기	
읽기	

12

(1)

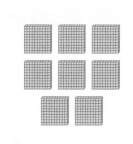

(2)

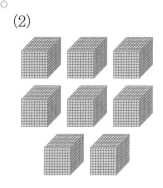

쓰기	
읽기	

쓰기	
읽기	

13

(1)

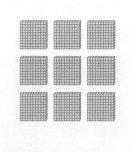

(2)

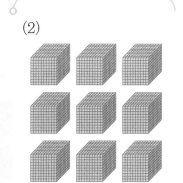

쓰기	
읽기	

쓰기	
읽기	

수해력을 높여요

01~02 그림을 보고 □ 안에 알맞은 수나 말을 써넣으세요.

100	100	100	100	100
100	100	100	100	100

01 (1) 100이 ☐ 개입니다.

(2) 그림이 나타내는 수는 ☐ 이라 쓰고 ☐ 이라고 읽습니다.

02 100이 10개이면 ☐ 입니다.

03 1000을 나타내는 수를 찾아 기호를 써 보세요.

> ㉠ 900보다 100만큼 더 작은 수
> ㉡ 10이 100개인 수
> ㉢ 99보다 1만큼 더 큰 수

( )

04 □ 안에 알맞은 수를 써넣으세요.

1000원이 되도록 묶었을 때 남는 돈은 ☐ 원입니다.

05 □ 안에 알맞은 수를 써넣으세요.

(1) 999보다 1만큼 더 큰 수는 ☐ 입니다.

(2) 990보다 ☐ 만큼 더 큰 수는 1000입니다.

(3) 900보다 ☐ 만큼 더 큰 수는 1000입니다.

06 수직선을 보고 □ 안에 알맞은 수를 써넣으세요.

0   200   400   600   800   1000

1000은 800보다 ☐ 만큼 더 큰 수입니다.

07 수 모형이 나타내는 수를 쓰고 읽어 보세요.

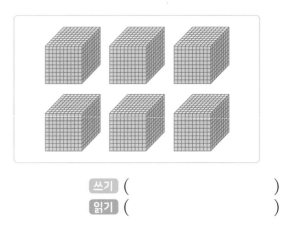

쓰기 ( )
읽기 ( )

08 같은 수를 찾아 선으로 이어 보세요.

사천	•		•	4000
구천	•		•	5000
오천	•		•	9000

09 나타내는 수가 다른 것의 기호를 써 보세요.

> ㉠ 6000보다 1000만큼 더 큰 수
> ㉡ 1000이 7개인 수
> ㉢ 100이 7개인 수

( )

10 다음이 나타내는 수를 쓰고 읽어 보세요.

100이 40개인 수

쓰기	읽기

11 실생활 활용 |||||||||||||||||||||||||||||||||

수아는 그림과 같이 1000원짜리 6장을 모았습니다. 수아가 9000원짜리 책을 사려고 할 때 더 필요한 돈은 얼마인지 구하여 쓰고 읽어 보세요.

쓰기 ( )원
읽기 ( )원

12 교과 융합 |||||||||||||||||||||||||||||||||

다음과 같이 주사위의 눈이 나왔습니다. 주사위를 던져서 나오는 눈의 수를 천 모형의 개수라고 할 때 이 주사위 눈이 나타내는 수가 얼마인지 쓰고 읽어 보세요.

쓰기 ( )
읽기 ( )

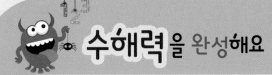

대표 응용 1 필요한 동전의 수 구하기

100원짜리 동전을 1000원짜리 지폐 한 장으로 바꾸려고 합니다. 100원짜리 동전이 9개 있다면 100원짜리 동전은 몇 개 더 필요한지 구해 보세요.

해결하기

1단계 1000은 100이 ☐ 인 수이므로 100원짜리 동전으로 바꾸려면 ☐ 개가 필요합니다.

2단계 100원짜리 동전이 9개 있으므로 더 필요한 동전의 개수는 ☐ − 9 = ☐ (개) 입니다.

3단계 따라서 더 필요한 100원짜리 동전은 ☐ 개입니다.

1-1

100원짜리 동전을 1000원짜리 지폐 한 장으로 바꾸려고 합니다. 100원짜리 동전이 7개 있다면 100원짜리 동전은 몇 개 더 필요한지 구해 보세요.

(   )

1-2

100원짜리 동전을 1000원짜리 지폐 한 장으로 바꾸려고 합니다. 100원짜리 동전이 4개 있다면 100원짜리 동전은 몇 개 더 필요한지 구해 보세요.

(   )

대표 응용 2 ☐ 안에 들어갈 수 있는 수 찾기

1000을 설명하는 수가 되도록 ☐ 안에 알맞은 수를 구해 보세요.

> 1000은 800보다 ☐ 만큼 더 큰 수

해결하기

1단계 1000은 900보다 ☐ 만큼 더 큰 수입니다.

2단계 900은 800보다 ☐ 만큼 더 큰 수입니다.

3단계 따라서 1000은 800보다 ☐ 만큼 더 큰 수입니다.

2-1

1000을 설명하는 수와 같은 수가 되도록 ☐ 안에 알맞은 수를 써넣으세요.

> 1000은 700보다 ☐ 만큼 더 큰 수

2-2

1000을 설명하는 수와 같은 수가 되도록 ☐ 안에 알맞은 수를 써넣으세요.

> 1000은 980보다 ☐ 만큼 더 큰 수
>
> 1000은 998보다 ☐ 만큼 더 큰 수

대표 응용 3 조건에 맞는 수 구하기(1)

어느 공장에서 흰색 탁구공은 큰 상자에 100개씩 포장하고, 노란색 탁구공은 작은 상자에 10개씩 포장합니다. 하루 동안 포장한 탁구공이 다음과 같을 때 탁구공은 모두 몇 개인지 구해 보세요.

⚪	⚪
30상자	400상자

해결하기

[1단계] 100개씩 포장한 흰색 탁구공이 30상자이므로 흰색 탁구공은 [   ]개입니다.

[2단계] 10개씩 포장한 노란색 탁구공이 400상자이므로 노란색 탁구공은 [   ]개입니다.

[3단계] 따라서 하루 동안 포장한 탁구공은 모두 [   ]개입니다.

3-1

어느 농장에서 자두를 상자에는 100개씩 포장하고, 봉지에는 10개씩 포장합니다. 하루 동안 포장한 자두의 수가 다음과 같을 때 자두는 모두 몇 개인지 구해 보세요.

상자	봉지
50상자	400봉지

(   )

대표 응용 4 조건에 맞는 수 구하기(2)

서점에 가서 6000원짜리 동화책을 사려고 합니다. 지금 가지고 있는 돈이 다음과 같을 때 부족한 돈은 100원짜리 동전 ㉠개와 같습니다. ㉠에 알맞은 수를 구해 보세요.

천원 1000	💯100
3장	20개

해결하기

[1단계] 1000원짜리 3장은 [   ]원입니다. 100원짜리 20개는 [   ]원입니다.

[2단계] 따라서 지금 가지고 있는 돈은 모두 [   ]원입니다.

[3단계] 6000원짜리 동화책을 사려고 할 때 부족한 돈은 [   ]원이므로 이것은 100원짜리 [   ]개와 같습니다.

4-1

시장에 가서 5000원짜리 생선과 4000원짜리 배추를 사려고 합니다. 지금 가지고 있는 돈이 다음과 같을 때 부족한 돈은 100원짜리 ㉠개와 같습니다. ㉠에 알맞은 수를 구해 보세요.

천원 1000	💯100
3장	30개

(   )

2. 네 자리 수와 자릿값

개념 1 네 자리 수를 알아볼까요

백 모형	십 모형	일 모형
100이 2개	10이 3개	1이 5개

100이 2개,
10이 3개, 1이 5개
이면 235입니다.

쓰기 235
읽기 이백삼십오

 모은 도토리가 1000알씩 2자루, 100알씩 3자루, 10알씩 5자루, 낱개로 6알이에요.

천 모형	백모형	십 모형	일 모형
1000이 2개	100이 3개	10이 5개	1이 6개

1000이 2개, 100이 3개, 10이 5개,
1이 6개이면 2356입니다.

쓰기 2356
읽기 이천삼백오십육

1000이 ★개	100이 ●개	10이 ♥개	1이 ▲개	➡	★●♥▲

[네 자리 수 읽기]

4	1	7	5
천	백	십	일
사천	백	칠십	오

사천백칠십오

숫자가 1이면 숫자는 읽지
않고 그 자리만 읽어요!

4	0	7	5
천	백	십	일
사천		칠십	오

사천칠십오

숫자가 0이면 숫자와 자리
모두 읽지 않아요!

개념 2 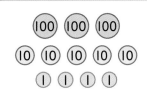 을 사용하여 나타내어 볼까요

알고 있어요!

100이 3개,
10이 5개,
1이 4개이므로
354입니다.

쓰기 354
읽기 삼백오십사

알고 싶어요!

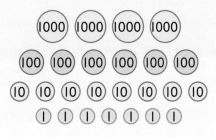

1000	4개
100	6개
10	8개
1	7개

1000이 4개, 100이 6개, 10이 8개, 1이 7개이면 4687입니다.

쓰기 4687   읽기 사천육백팔십칠

1000이 ★개   100이 ●개   10이 ♥개   1이 ▲개   ➡   ★●♥▲

5064   5064는 1000이 5개, 100이 0개, 10이 6개, 1이 4개인 수입니다.

5000	1000이 5개	1000 1000 1000 1000 1000
0	100이 0개	
60	10이 6개	10 10 10 10 10 10
4	1이 4개	1 1 1 1

백의 자리 숫자가 0인 칸에는 100이 없습니다.

개념 3 각 자리의 숫자가 나타내는 값을 알아볼까요

알고 있어요!

723

백의 자리	십의 자리	일의 자리
7	2	3

↓

7	0	0
	2	0
		3

7은 백의 자리 숫자이고
700을 나타냅니다.
2는 십의 자리 숫자이고
20을 나타냅니다.
3은 일의 자리 숫자이고
3을 나타냅니다.

알고 싶어요!

8295

천의 자리	백의 자리	십의 자리	일의 자리
8	2	9	5

↓

8	0	0	0
	2	0	0
		9	0
			5

8은 천의 자리 숫자이고 **8000**을 나타냅니다.
2는 백의 자리 숫자이고 **200**을 나타냅니다.
9는 십의 자리 숫자이고 **90**을 나타냅니다.
5는 일의 자리 숫자이고 **5**를 나타냅니다.

 ➡

5555

자리	천의 자리	백의 자리	십의 자리	일의 자리
숫자	5	5	5	5
나타내는 값	5000	500	50	5

5는 천의 자리 숫자이고 **5000**을 나타냅니다.
5는 백의 자리 숫자이고 **500**을 나타냅니다.
5는 십의 자리 숫자이고 **50**을 나타냅니다.
5는 일의 자리 숫자이고 **5**를 나타냅니다.

숫자가 같아도 자리에 따라 나타내는 값이 달라져요.

개념 4 각 자릿값을 덧셈식으로 나타내어 볼까요

알고 있어요!

637

백의 자리	십의 자리	일의 자리
6	3	7

100이 6개인 600,

10이 3개인 30,

1이 7개인 7이

모여서 만들어진 수입니다.

$$637 = 600 + 30 + 7$$

알고 싶어요!

5728

천의 자리	백의 자리	십의 자리	일의 자리
5	7	2	8

⬇

| 5000 | 700 | 20 | 8 |

5728

5000을 나타냅니다.

700을 나타냅니다.

20을 나타냅니다.

8을 나타냅니다.

$$5728 = 5000 + 700 + 20 + 8$$

6019

천의 자리	백의 자리	십의 자리	일의 자리
6	0	1	9

⬇

| 6000 | 0 | 10 | 9 |

6019

백이 0개임을 나타냅니다.

$$6019 = 6000 + 0 + 10 + 9$$

6019는 1000이 6개인 6000, 100이 0개인 0, 10이 1개인 10, 1이 9개인 9가 모여서 만들어진 수입니다.

수해력을 확인해요

01~04 수를 읽어 보세요.

01

(1) 453
읽기
_____

(2) 7453
읽기
_____

02

(1) 295
읽기
_____

(2) 3519
읽기
_____

03

(1) 407
읽기
_____

(2) 2073
읽기
_____

04

(1) 558
읽기
_____

(2) 6692
읽기
_____

05~08 수를 써 보세요.

05

(1) 육백십삼
쓰기
_____

(2) 구천팔백십칠
쓰기
_____

06

(1) 구백오
쓰기
_____

(2) 칠천십사
쓰기
_____

07

(1) 이백육십
쓰기
_____

(2) 삼천삼십
쓰기
_____

08

(1) 칠백구십일
쓰기
_____

(2) 오천백사십사
쓰기
_____

	• 세 자리 수 쓰고 읽기
쓰기	121
읽기	백이십일

	• 네 자리 수 쓰고 읽기
쓰기	1111
읽기	천백십일

09~14 그림이 나타내는 수를 쓰고 읽어 보세요.

09

(1)

쓰기	
읽기	

(2)

쓰기	
읽기	

10

(1)

쓰기	
읽기	

(2)

쓰기	
읽기	

11

(1)

쓰기	
읽기	

(2)

쓰기	
읽기	

12

(1)

쓰기	
읽기	

(2)

쓰기	
읽기	

13

(1)

쓰기	
읽기	

(2)

쓰기	
읽기	

14

(1)

쓰기	
읽기	

(2)

쓰기	
읽기	

· 세 자리 수에서 각 자리의 숫자가 나타내는 값 쓰기

521

5	500
2	20
1	1

· 네 자리 수에서 각 자리의 숫자가 나타내는 값 쓰기

7225

7	7000
2	200
2	20
5	5

15~21 빈칸에 알맞은 수를 써넣으세요.

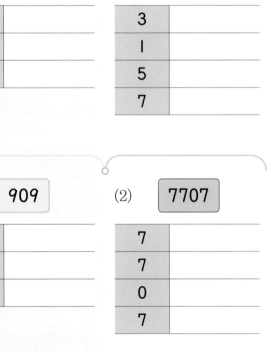

15

(1) 249

2	
4	
9	

(2) 3157

3	
1	
5	
7	

16

(1) 909

9	
0	
9	

(2) 7707

7	
7	
0	
7	

17

(1) 853

8	
5	
3	

(2) 1257

1	
2	
5	
7	

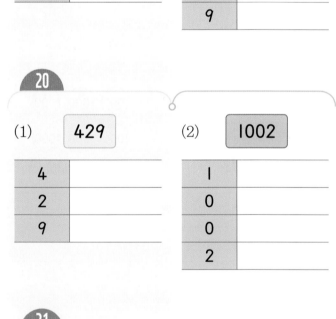

18

(1) 340

3	
4	
0	

(2) 5220

5	
2	
2	
0	

19

(1) 662

6	
6	
2	

(2) 1119

1	
1	
1	
9	

20

(1) 429

4	
2	
9	

(2) 1002

1	
0	
0	
2	

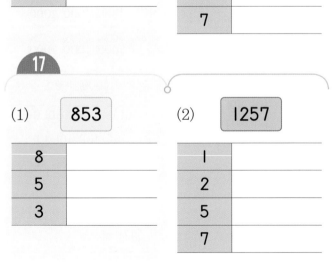

21

(1) 773

7	
7	
3	

(2) 6010

6	
0	
1	
0	

• 세 자리 수에서 각 자리의 값을 덧셈식으로 나타내기

| 521 | ➡ | 500 | + | 20 | + | 1 |

• 네 자리 수에서 각 자리의 값을 덧셈식으로 나타내기

| 7225 | ➡ | 7000 | + | 200 |

+ | 20 | + | 5 |

22~28 빈칸에 알맞은 수를 써넣으세요.

22

(1) 236 ➡ ☐ + ☐ + ☐

(2) 1235 ➡ ☐ + ☐
+ ☐ + ☐

23

(1) 642 ➡ ☐ + ☐ + ☐

(2) 9837 ➡ ☐ + ☐
+ ☐ + ☐

24

(1) 469 ➡ ☐ + ☐ + ☐

(2) 2667 ➡ ☐ + ☐
+ ☐ + ☐

25

(1) 199 ➡ ☐ + ☐ + ☐

(2) 7733 ➡ ☐ + ☐
+ ☐ + ☐

26

(1) 329 ➡ ☐ + ☐ + ☐

(2) 5568 ➡ ☐ + ☐
+ ☐ + ☐

27

(1) 608 ➡ ☐ + ☐ + ☐

(2) 3092 ➡ ☐ + ☐
+ ☐ + ☐

28

(1) 270 ➡ ☐ + ☐ + ☐

(2) 6001 ➡ ☐ + ☐
+ ☐ + ☐

수해력을 높여요

01 □ 안에 수 모형이 나타내는 수를 써넣으세요.

천 모형	백 모형	십 모형	일 모형

1000이 2개, 100이 3개, 10이 6개,
1이 9개이면 □ 입니다.

02 수를 보고 □ 안에 알맞은 수를 써넣으세요.

> 3578

(1) 천의 자리 숫자는 □ 이고 3000을 나타냅니다.

(2) 백의 자리 숫자는 □ 이고 500을 나타냅니다.

(3) 십의 자리 숫자는 □ 이고 70을 나타냅니다.

(4) 일의 자리 숫자는 □ 이고 8을 나타냅니다.

03 다음 수에서 7은 얼마를 나타내는지 써 보세요.

> 8753

( )

04~05 그림을 보고 물음에 답해 보세요.

04 그림이 나타내는 수를 쓰고 읽어 보세요.

쓰기	읽기

05 □ 안에 알맞은 수를 써넣으세요.

(1) 천의 자리 숫자는 3이고 □ 을 나타냅니다.

(2) 백의 자리 숫자는 7이고 □ 을 나타냅니다.

(3) 십의 자리 숫자는 □ 이고 □ 을 나타냅니다.

(4) 일의 자리 숫자는 □ 이고 □ 을 나타냅니다.

06 다음 수를 보고 □ 안에 알맞은 수를 써넣으세요.

> 4930

자리	천의 자리	백의 자리	십의 자리	일의 자리
숫자	□	9	3	□

4930 = 4000 + □ + □ + 0

07 □ 안에 알맞은 수를 써넣으세요.

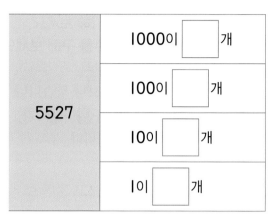

5527	1000이 □ 개
	100이 □ 개
	10이 □ 개
	1이 □ 개

08 숫자 5가 나타내는 값이 가장 큰 수를 찾아 쓰고 읽어 보세요.

2750	5221	1245	9521

쓰기 (   )

읽기 (   )

09 같은 수를 찾아 선으로 이어 보세요.

삼천이십칠 ·   · 5323

오천삼백이십삼 ·   · 3027

사천삼백구 ·   · 4309

10 □ 안에 알맞은 수를 써넣으세요.

(1) 5000+300+10+7= □

(2) □ +200+ □ +1 =9241

11 실생활 활용

친구들에게 휴대전화 번호를 다음과 같이 알려 주었습니다. 마지막 네 자리 수를 보고 □ 안에 알맞은 수를 써넣으세요.

010 - ○○○○ - 6294

(1) 천의 자리 숫자는 □ 이고 6000을 나타냅니다.

(2) 백의 자리 숫자는 2이고 □ 을 나타냅니다.

(3) 십의 자리 숫자는 □ 이고 90을 나타냅니다.

(4) 일의 자리 숫자는 □ 이고 □ 를 나타냅니다.

12 교과 융합

주사위를 네 번 던져 나온 눈의 수로 다음과 같이 네 자리 수를 나타냈습니다. 이 수를 쓰고 읽어 보세요.

천의 자리	백의 자리	십의 자리	일의 자리

쓰기 (   )

읽기 (   )

대표 응용
1 조건에 알맞은 네 자리 수 구하기

다음 조건에 알맞은 네 자리 수를 구해 보세요.

> ㉠ 3400보다 크고 3500보다 작습니다.
> ㉡ 십의 자리 숫자는 백의 자리 숫자보다 3만큼 더 큽니다.
> ㉢ 십의 자리 숫자와 일의 자리 숫자의 합은 9입니다.

해결하기

1단계 ㉠에서 천의 자리 숫자는 3이고, 백의 자리 숫자는 ☐ 입니다.

2단계 ㉡에서 십의 자리 숫자는 ☐ +3= ☐ 입니다.

3단계 ㉢에서 일의 자리 숫자는 9− ☐ = ☐ 입니다. 따라서 조건을 만족하는 수는 ☐ 입니다.

1-1

다음 조건에 알맞은 네 자리 수를 구해 보세요.

> ㉠ 6500보다 크고 6600보다 작습니다.
> ㉡ 천의 자리 숫자와 십의 자리 숫자의 합은 8입니다.
> ㉢ 백의 자리 숫자와 일의 자리 숫자는 같습니다.

( )

1-2

다음 조건에 알맞은 네 자리 수를 구해 보세요.

> ㉠ 5000보다 크고 6000보다 작습니다.
> ㉡ 백의 자리 숫자는 400을 나타냅니다.
> ㉢ 각 자리 숫자의 합은 9입니다.

( )

1-3

다음 조건에 알맞은 네 자리 수를 구해 보세요.

> ㉠ 6000보다 크고 6100보다 작습니다.
> ㉡ 각 자리 숫자의 합은 9입니다.
> ㉢ 수 모형으로 나타낼 때 십 모형은 필요하지 않습니다.

( )

1-4

다음 조건에 알맞은 네 자리 수를 구해 보세요.

> ㉠ 3000보다 크고 4000보다 작습니다.
> ㉡ 각 자리 숫자의 합은 15이고, 일의 자리 숫자와 십의 자리 숫자의 합은 12입니다.
> ㉢ 십의 자리 숫자는 50을 나타냅니다.

( )

대표 응용 2 수 카드로 만들 수 있는 네 자리 수 구하기

수 카드 4장을 한 번씩만 사용하여 만들 수 있는 네 자리 수 중에서 일의 자리 숫자가 1인 네 자리 수는 모두 몇 개인지 구해 보세요.

| 5 | 6 | 0 | 1 |

해결하기

1단계 일의 자리 숫자가 1인 네 자리 수는 ☐☐☐☐ 입니다.

2단계 1과 ☐ 은 천의 자리에 올 수 없으므로 천의 자리에 올 수 있는 숫자는 5, ☐ 입니다.

3단계 따라서 만들 수 있는 네 자리 수는 5061, 5601, 6051, ☐ 이므로 모두 ☐ 개입니다.

2-1

수 카드 4장을 한 번씩만 사용하여 만들 수 있는 네 자리 수 중에서 백의 자리 숫자가 6인 네 자리 수는 모두 몇 개인지 구해 보세요.

| 1 | 6 | 7 | 5 |

(   )

대표 응용 3 수 카드를 사용하여 네 자리 수 만들기

5장의 수 카드 중에서 4장을 골라 한 번씩만 사용하여 네 자리 수를 만들려고 합니다. 가장 큰 네 자리 수의 백의 자리 숫자인 ㉠과 가장 작은 네 자리 수의 백의 자리 숫자인 ㉡의 합을 구해 보세요.

| 7 | 1 | 6 | 3 | 4 |

해결하기

1단계 만들 수 있는 가장 큰 네 자리 수는 ☐ 이므로 ㉠은 ☐ 입니다.

2단계 만들 수 있는 가장 작은 네 자리 수는 ☐ 이므로 ㉡은 ☐ 입니다.

3단계 따라서 ㉠+㉡= ☐ 입니다.

3-1

5장의 수 카드 중에서 4장을 골라 한 번씩만 사용하여 네 자리 수를 만들려고 합니다. 가장 큰 네 자리 수의 백의 자리 숫자인 ㉠과 가장 작은 네 자리 수의 백의 자리 숫자인 ㉡의 합을 구해 보세요.

| 2 | 7 | 0 | 4 | 3 |

(   )

3. 뛰어 세기와 수의 크기 비교

개념 1 뛰어 세어 볼까요

알고 있어요!

• 100씩 뛰어 세기

> 백의 자리 숫자가
> 1씩 커지므로
> 100씩 커집니다.

• 10씩 뛰어 세기

> 십의 자리 숫자가
> 1씩 커지므로
> 10씩 커집니다.

• 1씩 뛰어 세기

> 일의 자리 숫자가
> 1씩 커지므로
> 1씩 커집니다.

알고 싶어요!

• 1000씩 뛰어 세기

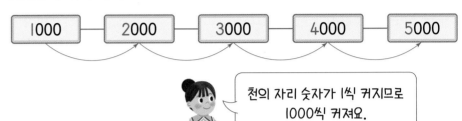

> 천의 자리 숫자가 1씩 커지므로 1000씩 커져요.

• 100씩 뛰어 세기

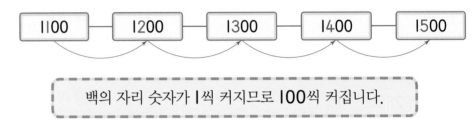

> 백의 자리 숫자가 1씩 커지므로 100씩 커집니다.

• 10씩 뛰어 세기

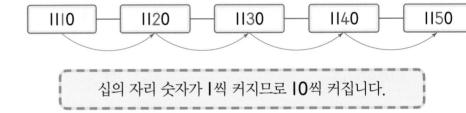

> 십의 자리 숫자가 1씩 커지므로 10씩 커집니다.

• 1씩 뛰어 세기

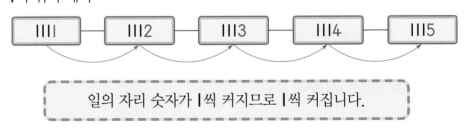

> 일의 자리 숫자가 1씩 커지므로 1씩 커집니다.

[1000씩 거꾸로 뛰어 세기]

> 100씩 거꾸로 뛰어 세면 백의 자리 숫자가 1씩 작아집니다.

> 천의 자리 숫자가 1씩 작아지므로 1000씩 작아집니다.

개념 2 두 수의 크기를 비교해 볼까요

알고 있어요!

$$422 < 579$$

579는 422보다 큽니다.

422는 579보다 작습니다.

$$255 > 248$$

255는 248보다 큽니다.

248은 255보다 작습니다.

$$777 > 776$$

777은 776보다 큽니다.

776은 777보다 작습니다.

알고 싶어요!

| 1248 | < | 2125 |

천 모형	백 모형	십 모형	일 모형

천 모형	백 모형	십 모형	일 모형

2125는 1248보다 큽니다.

1248은 2125보다 작습니다.

천의 자리 숫자가 클수록 큰 수입니다.

| 2333 | > | 2256 |

천 모형	백 모형	십 모형	일 모형

천 모형	백 모형	십 모형	일 모형

2333은 2256보다 큽니다.

2256은 2333보다 작습니다.

천의 자리 숫자가 같으면 백의 자리 숫자가 클수록 큰 수입니다.

$$3609 < 5987$$
$$3 < 5$$

$$2431 > 2387$$
$$4 > 3$$

$$5482 > 5477$$
$$8 > 7$$

$$3562 > 3561$$
$$2 > 1$$

[5908과 5907의 크기 비교]

		천의 자리	백의 자리	십의 자리	일의 자리
5908	➡	5	9	0	8
5907	➡	5	9	0	7

| 5908 | > | 5907 |

천의 자리, 백의 자리, 십의 자리 숫자가 같으면 일의 자리 숫자가 큰 수가 더 큽니다.

수해력을 확인해요

- 세 자리 수에서 뛰어 세기

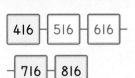

100씩 뛰어 세기

| 416 | 516 | 616 |
| 716 | 816 |

- 네 자리 수에서 뛰어 세기

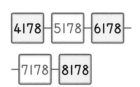

1000씩 뛰어 세기

| 4178 | 5178 | 6178 |
| 7178 | 8178 |

01~07 빈칸에 알맞은 수를 써넣으세요.

01

(1) 100씩 뛰어 세기
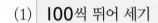

502 □ □
802 □

(2) 1000씩 뛰어 세기
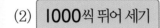

5008 □ 7008
□ 9008

02

(1) 100씩 뛰어 세기
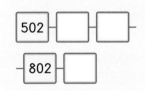

□ 396 □
596 □

(2) 1000씩 뛰어 세기
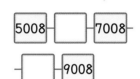

□ 2705 3705
□ □

03

(1) 100씩 뛰어 세기
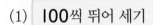

197 □ □
□ 597 □

(2) 100씩 뛰어 세기
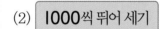

2653 □ □
□ □

04

(1) 10씩 뛰어 세기
(2) 100씩 뛰어 세기
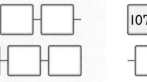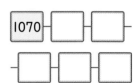

402 □ □
□ □ □

1070 □ □
□ □

05

(1) 10씩 뛰어 세기
(2) 10씩 뛰어 세기
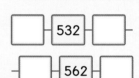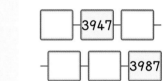

□ 532 □
□ 562 □

□ 3947 □
□ □ 3987

06

(1) 10씩 뛰어 세기
(2) 10씩 뛰어 세기
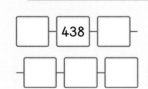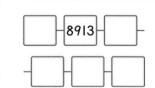

□ 438 □
□ □ □

□ 8913 □
□ □ □

07

(1) 1씩 뛰어 세기
(2) 1씩 뛰어 세기
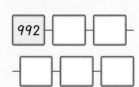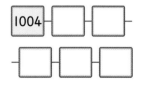

992 □ □
□ □ □

1004 □ □
□ □

- 세 자리 수의 크기 비교
  하기

267	302
	○

- 네 자리 수의 크기 비교
  하기

3009	2998
○	

08~15 두 수 중 더 큰 수에 ○표 하세요.

08

(1)
555	611

(2)
4444	3888

09

(1)
480	602

(2)
7482	6996

10

(1)
267	302

(2)
3009	4998

11

(1)
911	877

(2)
5268	5391

12

(1)
390	381

(2)
1199	1202

13

(1)
453	461

(2)
5803	5828

14

(1)
775	758

(2)
9031	9017

15

(1)
460	463

(2)
5528	5525

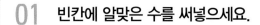
수해력을 높여요

01 빈칸에 알맞은 수를 써넣으세요.

(1) 1000씩 뛰어 세기

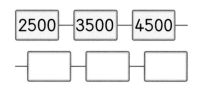

(2) 100씩 뛰어 세기

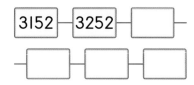

02 빈칸에 알맞은 수를 써넣으세요.

(1) 10씩 뛰어 세기

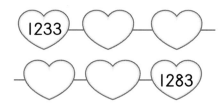

(2) 1씩 뛰어 세기

03 뛰어 세는 규칙에 맞게 빈칸에 알맞은 수를 써넣으세요.

04 3750부터 100씩 거꾸로 뛰어 세었습니다. 빈칸에 알맞은 수를 써넣으세요.

| 3750 | 3650 | | |

| | |

05 수 모형을 보고 □ 안에 알맞은 수를 써넣으세요.

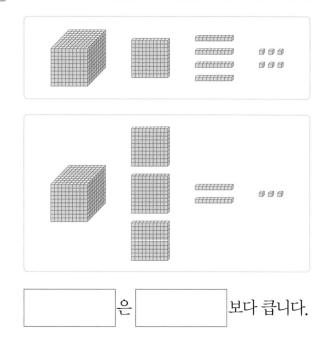

□ 은 □ 보다 큽니다.

06 두 수의 크기를 비교하여 ○ 안에 > 또는 < 를 알맞게 써넣으세요.

(1) 978 ○ 1011

(2) 4259 ○ 4261

(3) 9090 ○ 구천구

07 두 수 중 더 큰 수를 아래의 빈 곳에 써넣으세요.

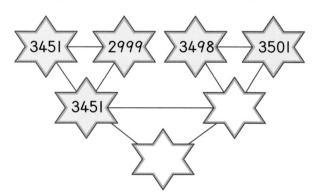

08 더 큰 수에 ◯표 하세요.

7809	7812

09 나타내는 수가 가장 큰 수를 찾아 기호를 써 보세요.

> ㉠ 3472
> ㉡ 이천이백구십오
> ㉢ 1000이 3개, 100이 1인 수

( )

10 2997보다 크고 3001보다 작은 수는 모두 몇 개인가요?

( )

11 찬희와 민서가 가진 돈이 다음과 같을 때 돈을 더 많이 가진 사람은 누구인가요?

찬희	민서
7320원	7750원

( )

12 네 자리 수의 크기를 비교했습니다. 1부터 9까지의 수 중에서 □ 안에 들어갈 수 있는 수는 모두 몇 개인가요?

5□74 > 5374

( )

⑬ 실생활 활용

다음은 엄마와 아빠가 태어나신 연도를 나타낸 것입니다. 두 수의 크기를 비교하여 ◯ 안에 > 또는 < 를 알맞게 써넣으세요.

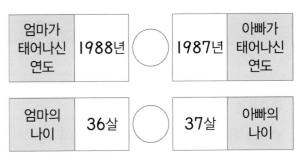

엄마가 태어나신 연도	1988년	◯	1987년	아빠가 태어나신 연도
엄마의 나이	36살	◯	37살	아빠의 나이

⑭ 교과 융합

도서관에서 본 책에 산의 높이를 나타낸 그림이 있습니다. 다음 중 가장 높은 산의 이름을 찾아 써 보세요.

설악산	지리산	한라산
1708 m	1916 m	1947 m

( )

대표 응용 1 뛰어 센 수 비교하기(1)

더 큰 수를 찾아 기호를 써 보세요.

> ㉠ 3538부터 10씩 3번 뛰어 센 수
> ㉡ 3160부터 100씩 4번 뛰어 센 수

해결하기

[1단계] 3538부터 10씩 3번 뛰어 세면

3538 - 3548 - □ - □

[2단계] 3160부터 100씩 4번 뛰어 세면

3160 - 3260 - □ - □ -

- □

[3단계] 두 수의 크기를 비교하면

□ > □ 이므로 더 큰 수

를 찾아 기호를 쓰면 □ 입니다.

1-1

더 큰 수를 찾아 기호를 써 보세요.

> ㉠ 5112부터 10씩 6번 뛰어 센 수
> ㉡ 4743부터 100씩 4번 뛰어 센 수

( )

대표 응용 2 뛰어 센 수 비교하기(2)

㉠부터 1000씩 4번, 100씩 3번 뛰어 세었더니 7521이 되었습니다. ㉠은 얼마인지 구해 보세요.

해결하기

[1단계] 7521부터 1000씩 거꾸로 4번 뛰어 세면

7521 - 6521 - 5521 - 4521 - □

입니다.

[2단계] 3521부터 100씩 거꾸로 3번 뛰어 세면

3521 - 3421 - 3321 - □ 입니다.

[3단계] 따라서 ㉠은 □ 입니다.

2-1

㉠부터 1000씩 2번, 100씩 5번 뛰어 세었더니 7904가 되었습니다. ㉠은 얼마인지 구해 보세요.

( )

2-2

㉠부터 100씩 6번, 10씩 3번 뛰어 세었더니 1950이 되었습니다. ㉠은 얼마인지 구해 보세요.

( )

대표 응용
3 두 수의 크기 비교하기

1부터 9까지의 수 중에서 □ 안에 들어갈 수 있는 수를 모두 구해 보세요.

$$7\square32 < 7542$$

해결하기

[1단계] 두 수의 백의 자리 숫자가 5로 같다면

7532 ◯ 7542이므로 □ 안에는 5가 들어갈 수 있습니다.

[2단계] 또 □ 안에 들어갈 수 있는 수는 5보다 (큰 , 작은) 수입니다.

[3단계] 따라서 □ 안에 들어갈 수 있는 수는

□ , □ , □ , □ , □ 입니다.

3-1

1부터 9까지의 수 중에서 □ 안에 들어갈 수 있는 수를 모두 구해 보세요.

$$54\square5 > 5466$$

(   )

3-2

1부터 9까지의 수 중에서 □ 안에 들어갈 수 있는 가장 큰 수와 가장 작은 수의 합을 구해 보세요.

$$3573 < 3\square79$$

(   )

대표 응용
4 조건에 맞는 수 구하기

다음 조건에 맞는 수 중에서 가장 큰 네 자리 수는 얼마인지 구해 보세요.

- 백의 자리 숫자가 나타내는 값은 700입니다.
- 십의 자리 숫자와 일의 자리 숫자의 합은 5 입니다.

해결하기

[1단계] 백의 자리 숫자가 나타내는 값이 700 이므로 네 자리 수는 ㉠7㉡㉢과 같이 나타낼 수 있습니다.

[2단계] 가장 큰 네 자리 수가 되려면 ㉠은 9, ㉡＋㉢＝5에서 ㉡은 □ , ㉢은 □ 이어야 합니다.

[3단계] 따라서 조건에 맞는 가장 큰 네 자리수 는 □ 입니다.

4-1

다음 조건에 맞는 수 중에서 가장 큰 네 자리 수는 얼마인지 구해 보세요.

- 백의 자리 숫자가 나타내는 값은 500입니다.
- 십의 자리 숫자와 일의 자리 숫자의 합은 7 입니다.

(   )

재미있는 그림을 완성해 보아요!

활동 1 설명하는 수에 알맞은 색을 칠해 보세요.

천의 자리가 천 모형 5개인 수	노란색	가장 큰 수와 가장 작은 수	분홍색
백의 자리 숫자가 500을 나타내는 수	초록색	2000+400+60+9, 9000+50	보라색
3500보다 크고 4200보다 작은 수	갈색	십의 자리 숫자가 0인 수	주황색

폴짝폴짝 멀리멀리!

활동 2 개구리 친구 셋이 뛰어 세기 경주를 하고 있어요. 개구리 친구들이 폴짝폴짝 뛰어갈 수 있도록 뛰어 세기 규칙에 따라 빈칸에 알맞은 수를 써넣으세요.

🐸	나는 연잎 위를 100씩 뛰어 세며 폴짝폴짝!
🐸	나는 징검다리 위를 10씩 거꾸로 뛰어 세며 폴짝폴짝!
🐸	나는 연꽃 위를 1000씩 뛰어 세며 폴짝폴짝!

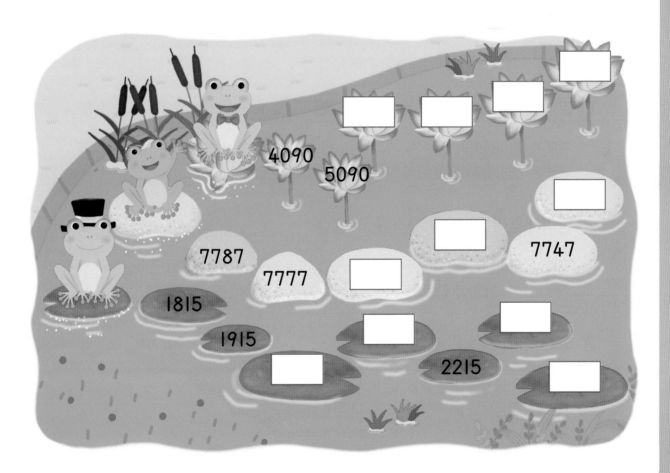

03 단원

덧셈과 뺄셈

등장하는 주요 수학 어휘

받아올림 , 받아내림

오늘 귤을 진짜 많이 땄어.

우리가 딴 귤은 모두 몇 개일까?

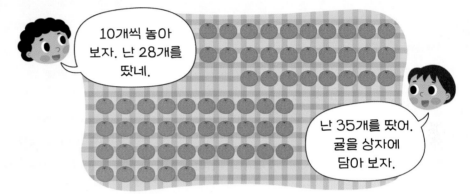

10개씩 놓아 보자. 난 28개를 땄네.

난 35개를 땄어. 귤을 상자에 담아 보자.

귤이 다 안 들어가네.

15개가 남았어.

상자에 담은 귤은 모두 몇 개일까?

우리가 딴 귤의 개수는 28+35(개)인데 15개가 남았으니까~

이번 3단원에서는
받아올림이 있는 덧셈과 받아내림이 있는 뺄셈의 계산 원리와 계산 방법에 대해 배우고,
여러 가지 덧셈과 뺄셈 문제를 해결해 볼 거예요.

1. 받아올림이 있는 두 자리 수의 덧셈

개념 1 받아올림이 있는 (두 자리 수)+(한 자리 수)를 계산해 볼까요

알고 있어요!

$$22+7=29$$

$$\begin{array}{r} 2\ 2 \\ +\ \ \ 7 \\ \hline \end{array} \rightarrow \begin{array}{r} 2\ |\ 2 \\ +\ \ \ |\ 7 \\ \hline \ \ \ |\ 9 \end{array}$$

$$\rightarrow \begin{array}{r} 2\ |\ 2 \\ +\ \ \ |\ 7 \\ \hline 2\ |\ 9 \end{array}$$

일의 자리는 일의 자리끼리 계산하고, 십의 자리는 그대로 내려 써요.

알고 싶어요!

25＋7의 계산

• 수 모형으로 알아보기

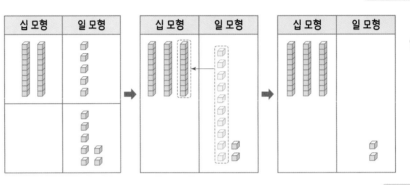

십 모형	일 모형

$$25+7=32$$

일 모형이 10개가 되면 십 모형 1개로 바꿔 줘요.

• 식으로 알아보기

5+7=12니까 2만 적고, 십의 자리는 그대로 써요.

5+7=12니까 10은 십의 자리로 받아올림 해요.

$$\begin{array}{r} 2\ 5 \\ +\ \ \ 7 \\ \hline 2\ 2 \end{array}$$ (틀림)

$$\begin{array}{r} {\scriptstyle 1} \\ 2\ 5 \\ +\ \ \ 7 \\ \hline 3\ 2 \end{array}$$

수학 어휘

받아올림
같은 자리의 수끼리 더해서 10이 되거나 10보다 클 때 윗자리로 올려주는 것

일의 자리의 합이 12면 10은 십의 자리로 받아올림하고, 남은 2만 일의 자리에 써줘요.

각 자리에 맞추어 수를 쓰기 ➡ 일의 자리 수끼리 더해서 10은 십의 자리로 받아올림하고, 나머지만 일의 자리에 쓰기 ➡ 받아올림한 1과 십의 자리 수를 합하여 십의 자리에 쓰기

[25＋7 계산하기]

$$\begin{array}{r} 2\ 5 \\ +\ \ \ 7 \\ \hline \end{array} \rightarrow \begin{array}{r} {\scriptstyle 1} \\ 2\ |\ 5 \\ +\ \ \ |\ 7 \\ \hline \ \ \ |\ 2 \end{array} \rightarrow \begin{array}{r} {\scriptstyle 1} \\ 2\ |\ 5 \\ +\ \ \ |\ 7 \\ \hline 3\ |\ 2 \end{array}$$

$$25+7=32$$

일의 자리끼리의 합이 10 이거나 10보다 크면 받아 올림할 수 있어요.

개념 **2** 받아올림이 있는 (두 자리 수)+(두 자리 수)를 계산해 볼까요

일의 자리에서 받아올림이 있는 경우

· 24+17의 계산 방법을 수 모형으로 알아보기

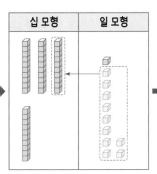

십 모형	일 모형

37+28의 계산

일 모형끼리 더하면 11개가 되니까 일 모형 10개를 십 모형 1개로 바꿔 줘요.

$$2\ 4$$
$$+\ 1\ 7$$
→
$$2\ 4$$
$$+\ 1\ 7$$
→
$$2\ 4$$
$$+\ 1\ 7$$
$$\overline{4\ 1}$$

십 모형이 4개, 일 모형이 1개니까 24+17=41 이에요.

각 자리에 맞추어 수를 쓰기	→	일의 자리 수끼리 더해서 십의 자리로 받아올림하기	→	받아올림한 1과 십의 자리 수를 모두 합하여 십의 자리에 쓰기

십의 자리에서 받아올림이 있는 경우

· 92+24의 계산 방법을 수 모형으로 알아보기

십 모형	일 모형

백 모형	십 모형	일 모형

백 모형	십 모형	일 모형

십 모형이 10개가 되면 백 모형 1개로 바꿔 줘요.

십 모형끼리 더하면 11개니까 십 모형 10개를 백 모형 1개로 바꿔 줘야 해요.

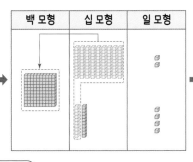

$$9\ 2$$
$$+\ 2\ 4$$
$$\overline{6}$$
→
$$9\ 2$$
$$+\ 2\ 4$$
$$\overline{1\ 6}$$
→
$$9\ 2$$
$$+\ 2\ 4$$
$$\overline{1\ 1\ 6}$$

백 모형이 1개, 십 모형이 1개, 일 모형이 6개니까 92+24=116이에요.

수해력을 확인해요

·(몇)+(몇)=(십몇)	·(두 자리 수)+(한 자리 수)	·(두 자리 수)+(한 자리 수)	·(두 자리 수)+(두 자리 수)
$6+7=13$	$\begin{array}{r} \overset{1}{}2\ 6 \\ +\ 7 \\ \hline 3\ 3 \end{array}$	$\begin{array}{r} \overset{1}{}2\ 5 \\ +\ 7 \\ \hline 3\ 2 \end{array}$	$\begin{array}{r} \overset{1}{}2\ 5 \\ +\ 4\ 7 \\ \hline 7\ 2 \end{array}$

01 ~ 04 덧셈을 해 보세요.

01

(1) $8+5$

(2)
$$\begin{array}{r} 4\ 8 \\ +\ 5 \\ \hline \end{array}$$

02

(1) $9+6$

(2)
$$\begin{array}{r} 3\ 9 \\ +\ 6 \\ \hline \end{array}$$

03

(1) $7+4$

(2)
$$\begin{array}{r} 5\ 7 \\ +\ 4 \\ \hline \end{array}$$

04

(1) $8+3$

(2)
$$\begin{array}{r} 8 \\ +\ 7\ 3 \\ \hline \end{array}$$

05 ~ 08 덧셈을 해 보세요.

05

(1)
$$\begin{array}{r} 1\ 9 \\ +\ 9 \\ \hline \end{array}$$

(2)
$$\begin{array}{r} 1\ 9 \\ +\ 3\ 9 \\ \hline \end{array}$$

06

(1)
$$\begin{array}{r} 5\ 8 \\ +\ 8 \\ \hline \end{array}$$

(2)
$$\begin{array}{r} 5\ 8 \\ +\ 3\ 8 \\ \hline \end{array}$$

07

(1)
$$\begin{array}{r} 2\ 7 \\ +\ 6 \\ \hline \end{array}$$

(2)
$$\begin{array}{r} 2\ 7 \\ +\ 4\ 6 \\ \hline \end{array}$$

08

(1)
$$\begin{array}{r} 6\ 6 \\ +\ 5 \\ \hline \end{array}$$

(2)
$$\begin{array}{r} 6\ 6 \\ +\ 1\ 5 \\ \hline \end{array}$$

• (몇)+(몇)=(십몇)	• (두 자리 수)+(두 자리 수)	• (두 자리 수)+(두 자리 수)	• (두 자리 수)+(두 자리 수)

$$5+7=12$$

```
    1
    5 2
+   7 5
  1 2 7
```

```
    1
    3 9
+   4 7
    8 6
```

```
  1 1
    3 9
+   9 7
  1 3 6
```

09~12 덧셈을 해 보세요.

13~16 덧셈을 해 보세요.

09

(1) $4+8$

(2)
```
    4 3
+   8 2
```

13

(1)
```
    4 5
+   1 5
```

(2)
```
    4 5
+   8 5
```

10

(1) $5+9$

(2)
```
    5 2
+   9 7
```

14

(1)
```
    7 6
+   1 4
```

(2)
```
    7 6
+   3 4
```

11

(1) $8+7$

(2)
```
    8 1
+   7 4
```

15

(1)
```
    4 6
+   2 6
```

(2)
```
    4 6
+   9 6
```

12

(1) $2+8$

(2)
```
    2 3
+   8 3
```

16

(1)
```
    4 7
+   3 8
```

(2)
```
    4 7
+   5 8
```

수해력을 높여요

01 그림을 보고 덧셈을 해 보세요.

$$45+26=\boxed{}$$

02 □ 안에 알맞은 수를 써넣으세요.

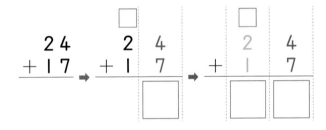

03 덧셈을 해 보세요.

(1)
$$
\begin{array}{r}
5\ 1 \\
+\ 7\ 3 \\
\hline
\end{array}
$$

(2)
$$
\begin{array}{r}
1\ 9 \\
+\ 6\ 4 \\
\hline
\end{array}
$$

04 계산 결과가 더 큰 쪽에 ○표 하세요.

78+19	59+42
(　　　)	(　　　)

05 계산 결과가 같은 것끼리 이어 보세요.

18+8 ·　　　　· 58+34

27+65 ·　　　　· 9+17

44+61 ·　　　　· 62+43

06 두 수의 합을 빈칸에 써넣으세요.

67	53

07 계산에서 잘못된 곳을 찾아 옳게 고쳐 계산해 보세요.

$$
\begin{array}{r}
2\ 9 \\
+\ 2\ 4 \\
\hline
4\ 3
\end{array}
$$
→

08 주어진 수 중 □ 안에 들어갈 수 있는 수는 모두 몇 개인가요?

$$28+□>84$$

| 52 | 53 | 55 | 57 | 60 |

( )

09 49+17을 바르게 계산하지 <u>않은</u> 사람은 누구인가요?

세신: 49에 1을 더한 수인 50에 17을 더했어요.

승현: 49에 20을 더한 수인 69에서 3을 뺐어요.

수현: 49에 10을 더한 수인 59에 7을 더했어요.

( )

10 수영장에서 26명이 수영을 하고 있습니다. 18명이 더 들어왔다면 수영장에 있는 사람들은 모두 몇 명인가요?

( )

11 실생활 활용 |||||||||||||

1반과 2반 학생들이 카드 뒤집기 경기를 하고 있습니다. 두 번씩 경기를 해서 뒤집은 카드의 개수가 많은 반이 이긴다면 이긴 반은 몇 반인가요?

1반	2반
1회: 53개	1회: 48개
2회: 49개	2회: 52개

( )

12 교과 융합 |||||||||||||

병은이가 엄마와 시장에 다녀와서 산 물건들을 적은 것입니다. 생선 몇 마리와 과일 몇 개를 샀는지 각각 구해 보세요.

- 고등어: 17마리
- 갈치: 16마리
- 사과: 25개
- 귤: 35개

생선 ( )

과일 ( )

대표 응용
1 덧셈식에서 모르는 수 구하기

★에 알맞은 수를 구해 보세요.

```
    6 4
+   2 ★
─────
    9 2
```

해결하기

[1단계]

일의 자리에서 받아올림이 있으므로

$4+★=\boxed{}$ 입니다.

[2단계]

따라서 $★=\boxed{}$ 입니다.

1-1

□ 안에 알맞은 수를 써넣으세요.

```
    3 5
+   4 □
─────
    8 4
```

1-2

□ 안에 알맞은 수를 써넣으세요.

```
    2 □
+   1 7
─────
    4 0
```

1-3

□ 안에 알맞은 수를 써넣으세요.

```
      8 6
+     4 □
─────
  □   3 4
```

1-4

□ 안에 알맞은 수를 써넣으세요.

```
  □   8
+   4 □
─────
    8 5
```

대표 응용
2 덧셈식 만들기

두 개의 공을 골라 두 자리 수를 만들려고 합니다. 58과 더했을 때 계산 결과가 가장 큰 수가 되는 덧셈식을 쓰고 계산해 보세요.

해결하기

1단계

합이 가장 큰 덧셈식이 되려면 가장 큰 두 자리 수를 더해야 합니다. 만들 수 있는 가장 큰 두 자리 수는 ☐ 입니다.

2단계

따라서 58+☐=☐ 입니다.

2-1

두 개의 공을 골라 두 자리 수를 만들려고 합니다. 28과 더했을 때 계산 결과가 가장 큰 수가 되는 덧셈식을 쓰고 계산해 보세요.

28+☐=☐

2-2

두 개의 공을 골라 두 자리 수를 만들려고 합니다. 37과 더했을 때 계산 결과가 가장 작은 수가 되는 덧셈식을 쓰고 계산해 보세요.

37+☐=☐

2-3

두 개의 공을 골라 두 자리 수를 만들려고 합니다. 67과 더했을 때 계산 결과가 가장 큰 수가 되는 덧셈식을 쓰고 계산해 보세요.

67+☐=☐

2-4

두 개의 공을 골라 두 자리 수를 만들려고 합니다. 46과 더했을 때 계산 결과가 가장 큰 수가 되는 덧셈식을 쓰고 계산해 보세요.

46+☐=☐

2. 받아내림이 있는 두 자리 수의 뺄셈

개념 1 받아내림이 있는 (두 자리 수)−(한 자리 수)를 계산해 볼까요

$$34 - 2 = 32$$

```
   3 4        3｜4
 -   2   →   -  ｜2
             ───────
               ｜2
```

```
       3｜4
   -    ｜2
       ───────
      3｜2
```

일의 자리 수끼리 계산하고, 십의 자리의 수는 그대로 내려 써요.

알고 싶어요!

34−5의 계산

십 모형 1개를 일 모형 10개로 바꿔 줘요.

• 수 모형으로 알아보기

십 모형	일 모형	십 모형	일 모형	십 모형	일 모형	십 모형	일 모형

$$34 - 5 = 29$$

• 식으로 알아보기

4에서 5를 뺄 수 없으니까 5에서 4를 빼면 돼요.

4에서 5를 뺄 수 없으니 받아내림해요.

```
     3 4
   ✗ 
   - 5
   ─────
     3 1
```

```
      2  10
     ③ 4
   -   5
   ─────
     2  9
```

수학 어휘

받아내림
같은 자리의 수끼리 뺄 수 없을 때 윗자리에서 10을 가져오는 것

십의 자리 수 3에서 받아내림했으므로 1을 빼고 남은 2를 3 위에 작게 써요.

각 자리에 맞추어 수를 쓰기 → 일의 자리의 수끼리 뺄 수 없을 때는 십의 자리에서 받아내림 하여 계산하기 → 받아내림하고 남은 수를 십의 자리에 내려 쓰기

[34−5 계산하기]

```
   3 4         2 10          2 10         2 10
 - 5        3̸ 4          3̸ 4         3̸ 4
            -   5    →    -   5    →    -   5
                                       ─────
                             9          2 9
```

일의 자리끼리 뺄 수 없으면 십의 자리에서 받아내림해요.

개념 2 받아내림이 있는 (두 자리 수)-(두 자리 수)를 계산해 볼까요

알고 싶어요!

• 30-17의 계산 방법을 수 모형으로 알아보기

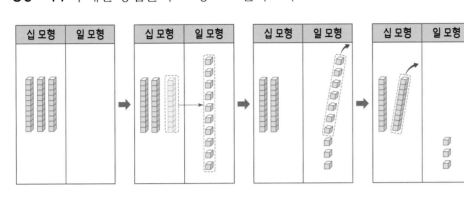

십 모형	일 모형

0에서 7을 뺄 수 없다고 일의 자리에 0이라고 쓰면 안돼요.

$$\begin{array}{r} 3\,0 \\ -\ \ 1\,7 \\ \hline 2\,0 \end{array}$$

십 모형 1개를 일 모형 10개로 바꿔준 뒤 일 모형 7개를 빼야 해요.

$$\begin{array}{r} 3\,0 \\ -\,1\,7 \\ \hline \end{array} \rightarrow \begin{array}{r} \overset{2}{\cancel{3}}\,\overset{10}{0} \\ -\,1\,7 \\ \hline \end{array} \rightarrow \begin{array}{r} \overset{2}{\cancel{3}}\,\overset{10}{0} \\ -\,1\,7 \\ \hline 3 \end{array} \rightarrow \begin{array}{r} \overset{2}{\cancel{3}}\,\overset{10}{0} \\ -\,1\,7 \\ \hline 1\,3 \end{array}$$

남은 십 모형 2개에서 십 모형 1개를 빼주면 십 모형 1개, 일 모형 3개가 남아요.

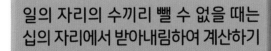

각 자리에 맞추어 수를 쓰기 → 일의 자리의 수끼리 뺄 수 없을 때는 십의 자리에서 받아내림하여 계산하기 → 받아내림하고 남은 수에서 십의 자리 수 빼기

• 45-18의 계산 방법을 수 모형으로 알아보기

십 모형	일 모형

십의 자리에서 받아내림하면 십의 자리 숫자는 1만큼 작아져요.

$$\begin{array}{r} 4\,5 \\ -\,1\,8 \\ \hline 3\,7 \end{array}$$

십 모형 1개를 일 모형 10개로 바꿔준 뒤 일 모형 15개에서 일 모형 8개를 빼야 해요.

$$\begin{array}{r} 4\,5 \\ -\,1\,8 \\ \hline \end{array} \rightarrow \begin{array}{r} \overset{3}{4}\,\overset{10}{5} \\ -\,1\,8 \\ \hline \end{array} \rightarrow \begin{array}{r} \overset{3}{4}\,\overset{10}{5} \\ -\,1\,8 \\ \hline 7 \end{array} \rightarrow \begin{array}{r} \overset{3}{\cancel{4}}\,\overset{10}{5} \\ -\,1\,8 \\ \hline 2\,7 \end{array}$$

남은 십 모형 3개에서 십 모형 1개를 빼주면 십 모형 2개, 일 모형 7개가 남아요.

- (십몇)−(몇)=(몇)

$$14-8=6$$

- (두 자리 수)−(한 자리 수)

$$\begin{array}{r} {\scriptstyle 4}\;{\scriptstyle 10} \\ \cancel{5}\;4 \\ -\quad 8 \\ \hline 4\;6 \end{array}$$

- 10에서 빼기

$$10-8=2$$

- (두 자리 수)−(두 자리 수)

$$\begin{array}{r} {\scriptstyle 2}\;{\scriptstyle 10} \\ \cancel{3}\;0 \\ -\;1\;8 \\ \hline 1\;2 \end{array}$$

01~04 뺄셈을 해 보세요.

01

(1) $14-9$

(2)
$$\begin{array}{r} 6\;4 \\ -\quad 9 \\ \hline \end{array}$$

02

(1) $15-8$

(2)
$$\begin{array}{r} 7\;5 \\ -\quad 8 \\ \hline \end{array}$$

03

(1) $13-6$

(2)
$$\begin{array}{r} 3\;3 \\ -\quad 6 \\ \hline \end{array}$$

04

(1) $16-7$

(2)
$$\begin{array}{r} 5\;6 \\ -\quad 7 \\ \hline \end{array}$$

05~08 뺄셈을 해 보세요.

05

(1) $10-5$

(2)
$$\begin{array}{r} 4\;0 \\ -\;2\;5 \\ \hline \end{array}$$

06

(1) $10-3$

(2)
$$\begin{array}{r} 5\;0 \\ -\;3\;3 \\ \hline \end{array}$$

07

(1) $10-9$

(2)
$$\begin{array}{r} 6\;0 \\ -\;2\;9 \\ \hline \end{array}$$

08

(1) $10-4$

(2)
$$\begin{array}{r} 7\;0 \\ -\;5\;4 \\ \hline \end{array}$$

• (두 자리 수)－(한 자리 수)

```
    2 10
    3 6
  −   8
    2 8
```

• (두 자리 수)－(두 자리 수)

```
    2 10
    3 6
  − 1 8
    1 8
```

09 ~ 17 뺄셈을 해 보세요.

09

(1)
```
    5 3
  −   7
```

(2)
```
    5 3
  − 2 7
```

10

(1)
```
    2 5
  −   8
```

(2)
```
    2 5
  − 1 8
```

11

(1)
```
    4 1
  −   6
```

(2)
```
    4 1
  − 2 6
```

12

(1)
```
    5 2
  −   5
```

(2)
```
    5 2
  − 1 5
```

13

(1)
```
    4 7
  −   9
```

(2)
```
    4 7
  − 3 9
```

14

(1)
```
    6 3
  −   9
```

(2)
```
    6 3
  − 2 9
```

15

(1)
```
    3 3
  −   5
```

(2)
```
    3 3
  − 1 5
```

16

(1)
```
    7 1
  −   4
```

(2)
```
    7 1
  − 4 4
```

17

(1)
```
    8 4
  −   8
```

(2)
```
    8 4
  − 6 8
```

01 그림을 보고 뺄셈을 해 보세요.

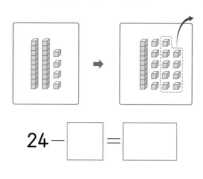

$$24 - \boxed{} = \boxed{}$$

02 뺄셈을 해 보세요.

(1) $42 - 4$

(2)
$$\begin{array}{r} 8\ 2 \\ -\ 6\ 4 \\ \hline \end{array}$$

03 계산 결과가 다른 식에 ○표 하세요.

30-14	42-16	53-37
( )	( )	( )

04 두 수의 차를 구해 보세요.

27		50

( )

05 같은 것끼리 선으로 이어 보세요.

63-6 •   • 27

40-19 •   • 21

55-28 •   • 57

06 차의 크기를 비교하여 ○ 안에 >, =, <를 알맞게 써넣으세요.

52-17 ◯ 73-37

07 계산에서 잘못된 곳을 찾아 옳게 고쳐 계산해 보세요.

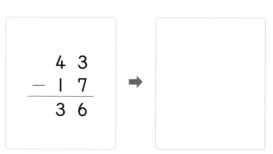

08 □ 안의 숫자 8이 실제로 나타내는 수는 얼마 인가요?

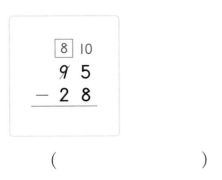

( )

09 36−18을 보기 와 같은 방법으로 계산한 사람은 누구인가요?

보기

$$36-18=36-20+2=16+2=18$$

희경: 36에서 16을 빼고 2를 더 빼서 계산했어요.
희진: 36에서 20을 빼고 2를 더해서 계산했어요.

( )

10 지나네 반 학생 22명 중 안경을 낀 학생들이 8명이라면 안경을 끼지 <u>않은</u> 학생은 몇 명인가요?

( )

11 실생활 활용

행복어린이박물관은 각 회차별로 65명까지 입장할 수 있습니다. 오늘 각 회차별로 접수한 사람들의 수가 아래와 같을 때 3회차에 더 접수할 수 있는 사람은 몇 명인가요?

회차	시각	접수한 사람
1회차	10시~12시	65명
2회차	12시~2시	59명
3회차	2시~4시	48명
4회차	4시~6시	36명

( )

12 교과 융합

물자라는 수컷이 등에 알을 짊어지고 다니며 부화할 때까지 보살핍니다. 물자라의 등에 83개의 알이 있었는데 오늘 37개가 부화했다면 남은 알은 몇 개인가요?

( )

수해력을 완성해요

뺄셈식에서 모르는 수 구하기

♥에 알맞은 수를 구하세요.

$$\begin{array}{r} 8\ 2 \\ -\ 3\ ♥ \\ \hline 4\ 5 \end{array}$$

해결하기

[1단계] 십의 자리에서 받아내림이 있으므로

$12 - ♥ = \boxed{}$ 입니다.

[2단계] 따라서 ♥ $= \boxed{}$ 입니다.

1-1

□ 안에 알맞은 수를 써넣으세요.

$$\begin{array}{r} 6\ 5 \\ -\ 4\ \boxed{} \\ \hline 1\ 8 \end{array}$$

1-2

□ 안에 알맞은 수를 써넣으세요.

$$\begin{array}{r} 5\ \boxed{} \\ -\ 1\ 7 \\ \hline 3\ 4 \end{array}$$

1-3

□ 안에 알맞은 수를 써넣으세요.

$$\begin{array}{r} 7\ \boxed{} \\ -\ 1\ 5 \\ \hline \boxed{}\ 5 \end{array}$$

1-4

□ 안에 알맞은 수를 써넣으세요.

$$\begin{array}{r} \boxed{}\ 8 \\ -\ 4\ \boxed{} \\ \hline 3\ 9 \end{array}$$

대표 응용 2 차가 가장 큰 뺄셈식 만들기

3장의 수 카드 중 2장을 골라 차가 가장 큰 뺄셈식을 만들고 계산해 보세요.

17 33 62

해결하기

1단계 차가 가장 큰 뺄셈식을 만들려면 가장 큰 수에서 가장 작은 수를 빼야 합니다.

3장의 수 카드 중 가장 큰 수는 ☐ 이고,

가장 작은 수는 ☐ 입니다.

2단계 따라서 ☐ − ☐ = ☐ 입니다.

2-1

3장의 수 카드 중 2장을 골라 차가 가장 큰 뺄셈식을 만들고 계산해 보세요.

25 29 80

2-2

3장의 수 카드 중 2장을 골라 차가 가장 큰 뺄셈식을 만들고 계산해 보세요.

 29 40 74

☐ − ☐ = ☐

2-3

3장의 수 카드 중 2장을 골라 차가 가장 큰 뺄셈식을 만들고 계산해 보세요

61 14 91

2-4

4장의 수 카드 중 2장을 골라 차가 가장 큰 뺄셈식을 만들고 계산해 보세요.

16 54 91 82

3. 덧셈과 뺄셈의 관계

개념 1 덧셈식을 보고 뺄셈식으로 나타내어 볼까요

알고 있어요!

$$3+4=7$$

알고 싶어요!

$3+4=7$을 뺄셈식으로 나타내기

• 전체 공의 수

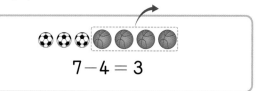

$$3+4=7$$

전체 공의 수는 축구공의 수 3개와 농구공의 수 4개를 더하면 돼요.

• 축구공의 수

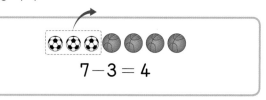

$$7-4=3$$

축구공의 수는 전체 공의 수 7개에서 농구공의 수인 4개를 빼면 돼요.

• 농구공의 수

$$7-3=4$$

농구공의 수는 전체 공의 수 7개에서 축구공의 수인 3개를 빼서 구할 수 있어요.

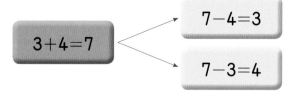

$$3+4=7$$

$$7-4=3$$

$$7-3=4$$

덧셈식 $3+4=7$은 뺄셈식 $7-4=3$과 $7-3=4$로 나타낼 수 있어요.

[$3+4=7$을 뺄셈식으로 나타내기]

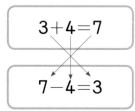

$$3+4=7$$
$$7-4=3$$

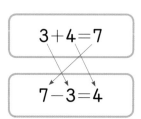

$$3+4=7$$
$$7-3=4$$

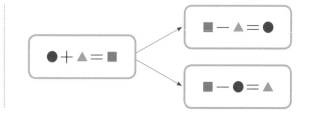

$$● + ▲ = ■$$

$$■ - ▲ = ●$$

$$■ - ● = ▲$$

개념 2 뺄셈식을 보고 덧셈식으로 나타내어 볼까요

$$8-3=5$$

8－3＝5를 덧셈식으로 나타내기

• 남은 딸기의 수

$$8-3=5$$

남은 딸기의 수는 처음에 있던 딸기의 수에서 먹은 딸기의 수를 빼면 돼요.

• 처음에 있던 딸기의 수

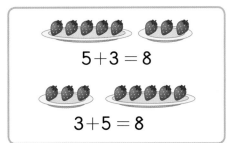

$$5+3 = 8$$

$$3+5 = 8$$

처음에 있던 딸기의 수는 남은 딸기의 수와 먹은 딸기의 수를 더하면 돼요.

$$8-3=5$$ → $$5+3=8$$
$$3+5=8$$

뺄셈식 8-3=5는 덧셈식 5+3=8과 3+5=8로 나타낼 수 있어요.

[8－3＝5를 덧셈식으로 나타내기]

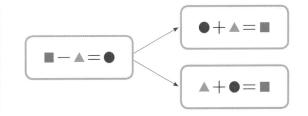

$$8-3=5$$
$$5+3=8$$

$$8-3=5$$
$$3+5=8$$

$$■-▲=●$$ → $$●+▲=■$$
$$▲+●=■$$

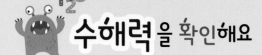

정답과 풀이 18쪽

• 덧셈식을 뺄셈식으로 나타내기

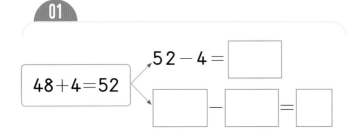

$32 - 9 = \boxed{23}$

$\boxed{32} - \boxed{23} = \boxed{9}$

$\boxed{23 + 9 = 32}$

• 뺄셈식을 덧셈식으로 나타내기

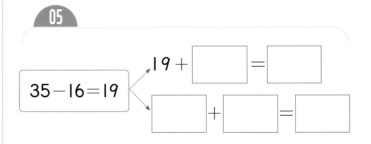

$7 + \boxed{8} = \boxed{15}$

$\boxed{8} + \boxed{7} = \boxed{15}$

$\boxed{15 - 8 = 7}$

01~04 덧셈식을 뺄셈식으로 나타내 보세요.

05~08 뺄셈식을 덧셈식으로 나타내 보세요.

01

$\boxed{48 + 4 = 52}$

$52 - 4 = \boxed{}$

$\boxed{} - \boxed{} = \boxed{}$

05

$\boxed{35 - 16 = 19}$

$19 + \boxed{} = \boxed{}$

$\boxed{} + \boxed{} = \boxed{}$

02

$\boxed{57 + 15 = 72}$

$72 - 15 = \boxed{}$

$\boxed{} - \boxed{} = \boxed{}$

06

$\boxed{52 - 27 = 25}$

$25 + \boxed{} = \boxed{}$

$\boxed{} + \boxed{} = \boxed{}$

03

$\boxed{25 + 28 = 53}$

$53 - 28 = \boxed{}$

$\boxed{} - \boxed{} = \boxed{}$

07

$\boxed{63 - 49 = 14}$

$14 + \boxed{} = \boxed{}$

$\boxed{} + \boxed{} = \boxed{}$

04

$\boxed{67 + 29 = 96}$

$96 - 29 = \boxed{}$

$\boxed{} - \boxed{} = \boxed{}$

08

$\boxed{70 - 38 = 32}$

$32 + \boxed{} = \boxed{}$

$\boxed{} + \boxed{} = \boxed{}$

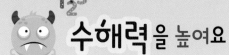

수해력을 높여요

01 그림을 보고 덧셈식을 뺄셈식으로 나타내 보세요.

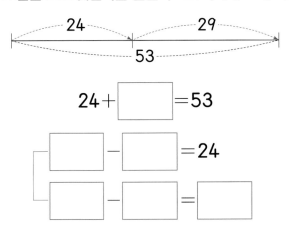

24 + ☐ = 53

☐ − ☐ = 24

☐ − ☐ = ☐

02 뺄셈식을 덧셈식으로 나타낸 것입니다. ☐ 안에 알맞은 수를 써넣으세요.

74 − 35 = 39

39 + ☐ = 74

35 + ☐ = ☐

03 ☐ 안에 알맞은 수를 써넣으세요.

(1) 46 + ☐ = 81

➡ 81 − ☐ = 35

(2) 64 − ☐ = 38

➡ 38 + 26 = ☐

04 세 수를 이용하여 뺄셈식을 완성하고, 덧셈식으로 나타내 보세요.

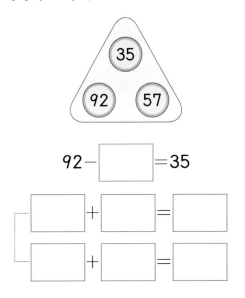

92 − ☐ = 35

☐ + ☐ = ☐

☐ + ☐ = ☐

05 실생활 활용

송아의 일기를 보고 물음에 답하세요.

○○월 ○○일 맑음

오늘은 현경이와 함께 나눔장터에 참여했다.
마음에 드는 색연필이 있어서 24자루를 샀다.
현경이는 사인펜이 필요하다며 36자루를 샀다.
필요한 물건을 싸게 살 수 있고, 환경도 보호할 수
있어서 뿌듯했다.

(1) 송아와 현경이가 산 색연필과 사인펜은 모두 몇 자루인지 덧셈식으로 나타내 보세요.

☐ + ☐ = ☐

(2) (1)번의 덧셈식을 뺄셈식으로 나타내 보세요.

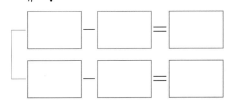

☐ − ☐ = ☐

☐ − ☐ = ☐

수해력을 완성해요

대표 응용 1 같은 모양에 적힌 수를 사용하여 덧셈식, 뺄셈식 만들기

같은 모양에 적힌 수를 사용하여 덧셈식을 만들고, 뺄셈식으로 나타내 보세요.

해결하기

1단계 주어진 모양에서 같은 모양에 적힌 두

수는 ☐ , ☐ 입니다.

2단계 따라서 만들 수 있는 덧셈식은

☐ + ☐ = ☐ 입니다.

3단계 뺄셈식으로 나타내면

☐ − ☐ = ☐ ,

☐ − ☐ = ☐ 입니다.

1-1

같은 모양에 적힌 수를 사용하여 덧셈식을 만들고, 뺄셈식으로 나타내 보세요.

1-2

같은 모양에 적힌 수를 사용하여 덧셈식을 만들고, 뺄셈식으로 나타내 보세요.

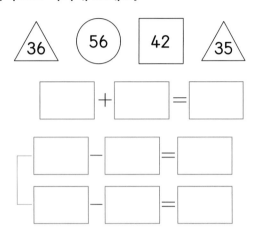

1-3

같은 모양에 적힌 수를 사용하여 뺄셈식을 만들고, 덧셈식으로 나타내 보세요.

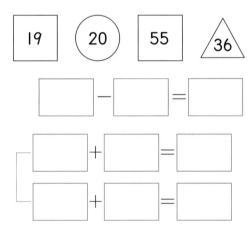

대표 응용 2 수 카드로 덧셈식, 뺄셈식 만들기

수 카드 중 2장을 골라 차가 58이 되는 뺄셈식을 완성하고, 덧셈식으로 나타내 보세요.

| 6 | 20 | 55 | 64 |

해결하기

1단계 차가 58이 되는 수 카드는

6, ☐ 입니다.

2단계 따라서 뺄셈식을 완성하면

☐ − ☐ =58입니다.

3단계 덧셈식으로 나타내면

☐ + ☐ = ☐ ,

☐ + ☐ = ☐ 입니다.

2-1

수 카드 중 2장을 골라 차가 27이 되는 뺄셈식을 완성하고, 덧셈식으로 나타내 보세요.

| 15 | 28 | 55 | 65 |

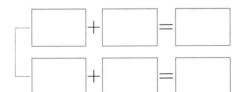

2-2

수 카드 중 2장을 골라 차가 36이 되는 뺄셈식을 완성하고, 덧셈식으로 나타내 보세요.

| 8 | 20 | 38 | 74 |

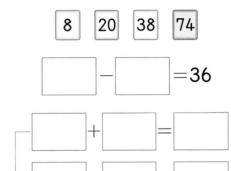

2-3

수 카드 중 2장을 골라 합이 40이 되는 덧셈식을 완성하고, 뺄셈식으로 나타내 보세요.

| 7 | 15 | 25 | 35 |

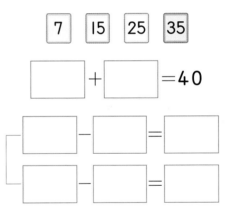

2-4

수 카드 중 2장을 골라 합이 63이 되는 덧셈식을 완성하고, 뺄셈식으로 나타내 보세요.

| 18 | 39 | 45 | 52 |

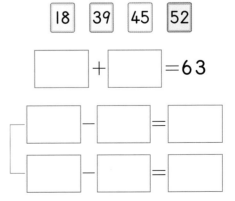

4. □의 값 구하기, 세 수의 계산

개념 1 □의 값을 어떻게 구할 수 있을까요

알고 있어요!

덧셈식을 뺄셈식으로
나타내기

$3+4=7 \begin{cases} 7-4=3 \\ 7-3=4 \end{cases}$

뺄셈식을 덧셈식으로
나타내기

$8-3=5 \begin{cases} 5+3=8 \\ 3+5=8 \end{cases}$

알고 싶어요!

덧셈식에서 □의 값 구하기

$6+\square=10,\ \square=4$

덧셈식은 뺄셈식으로 나타낼 수 있으니까
$10-6=\square,\ \square=4$예요.

뺄셈식에서 □의 값 구하기

$10-\square=7,\ \square=3$

뺄셈식을 또 다른 뺄셈식으로 나타내 보면
 $10-7=\square,\ \square=3$이에요.

모르는 수를 □로
나타내서 식을 써요.

별을 4개 더 그려
넣어야 별이 10개가
돼요. □는 4예요.

파란별 3개를 지워
야 7개가 남아요.
□는 3이에요.

모르는 수를 □로
나타내기 ➡ 덧셈과 뺄셈의 관계를
이용하여 □의 값 구하기

[덧셈과 뺄셈의 관계를 이용하여 □의 값 구하기]

$25+\square=41$ $41-25=\square,\ \square=16$ $\square+16=31$ $31-16=\square,\ \square=15$

$35-\square=17$ $35-17=\square,\ \square=18$ $\square-28=23$ $23+28=\square,\ \square=51$

개념 2 세 수의 계산을 해 볼까요

알고 있어요!

세 수의 덧셈은 순서를 바꿔서 더해도 됩니다.

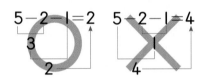

$2+3+4=9$ $2+3+4=9$

세 수의 뺄셈은 앞에서부터 차례로 계산합니다.

$5-2-1=2$ $5-2-1=4$

뺄셈식에서 앞에서 부터 계산한 결과와 뒤에서부터 계산한 결과는 서로 달라요.

알고 싶어요!

$29+16-18$의 계산

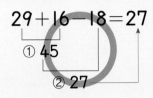

계산할 수 없어요.

뒤에서부터 계산했더니 뺄 수 없어요.

$$29+16-18=27$$

$29+16$을 먼저 계산하고, 29와 16의 합인 45에서 18을 빼 줍니다.

$40-18+15$의 계산

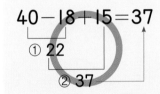

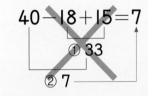

덧셈과 뺄셈이 같이 있는 계산은 계산 순서를 바꾸어 계산하면 안돼요!

$$40-18+15=37$$

$40-18$을 먼저 계산하면 22입니다. 40과 18의 차인 22에 15를 더해 줍니다.

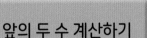

세 수의 계산 ➡ 앞의 두 수 계산하기 ➡ 나머지 수 계산하기

[세 수의 계산 방법]

$$29+16-18=27$$
45
27

$$
\begin{array}{r}
2\,9 \\
+\,1\,6 \\
\hline
4\,5
\end{array}
\quad\rightarrow\quad
\begin{array}{r}
4\,5 \\
-\,1\,8 \\
\hline
2\,7
\end{array}
$$

$$40-18+15=37$$
22
37

$$
\begin{array}{r}
4\,0 \\
-\,1\,8 \\
\hline
2\,2
\end{array}
\quad\rightarrow\quad
\begin{array}{r}
2\,2 \\
+\,1\,5 \\
\hline
3\,7
\end{array}
$$

앞에서부터 차례로 계산해요.

• 덧셈식에서 □의 값 구하기

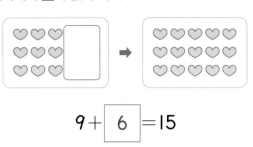

$$9 + \boxed{6} = 15$$

• 뺄셈식에서 □의 값 구하기

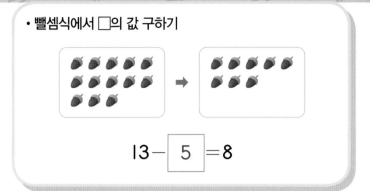

$$13 - \boxed{5} = 8$$

01~03 그림을 보고 □ 안에 알맞은 수를 써넣으세요.

04~06 그림을 보고 □ 안에 알맞은 수를 써넣으세요.

01

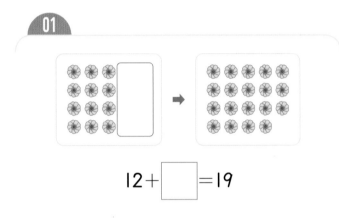

$$12 + \boxed{} = 19$$

02

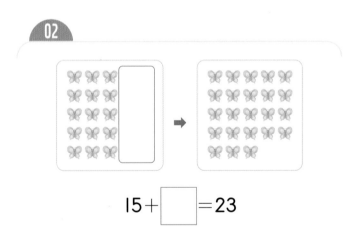

$$15 + \boxed{} = 23$$

03

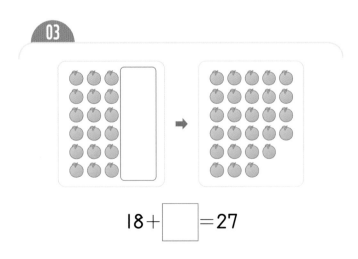

$$18 + \boxed{} = 27$$

04

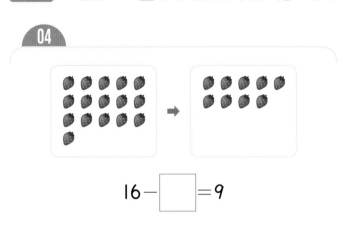

$$16 - \boxed{} = 9$$

05

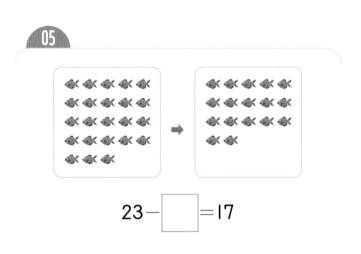

$$23 - \boxed{} = 17$$

06

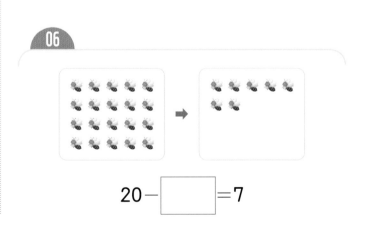

$$20 - \boxed{} = 7$$

• 세 수의 계산(1)

$25+18-12=$ 31

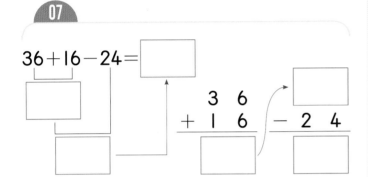

• 세 수의 계산(2)

$43-16+19=$ 46

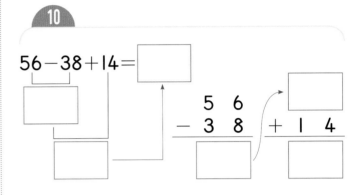

07~09 □ 안에 알맞은 수를 써넣으세요.

10~12 □ 안에 알맞은 수를 써넣으세요.

07

$36+16-24=$

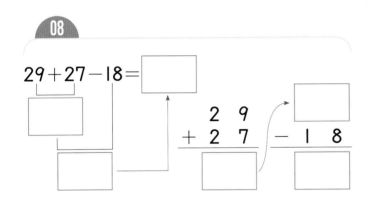

10

$56-38+14=$

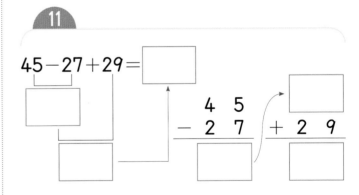

08

$29+27-18=$

09

$43+19-34=$

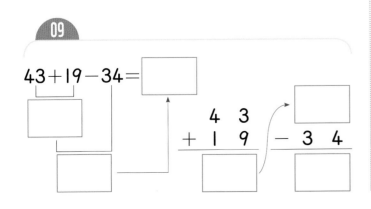

11

$45-27+29=$

12

$50-25+37=$

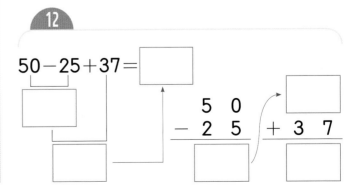

01 그림을 보고 □를 사용하여 알맞은 덧셈식을 써 보세요.

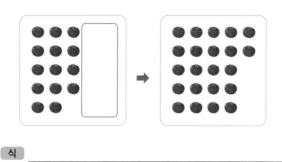

식 _____

02 수직선을 보고 □를 사용하여 알맞은 뺄셈식을 써 보세요.

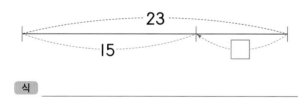

식 _____

03 □ 안에 알맞은 수를 써넣으세요.

(1) $46 +$ ⬜ $= 63$

(2) ⬜ $- 18 = 25$

04 □ 안에 들어갈 수가 가장 큰 것을 찾아 기호를 써 보세요.

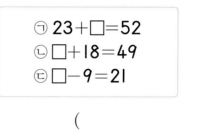

(   )

05 계산해 보세요.

(1) $25 + 58 - 18$

(2) $69 - 27 + 9$

06 빈칸에 알맞은 수를 써넣으세요.

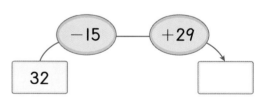

07 계산 결과를 찾아 선으로 이어 보세요.

$80 - 52 - 16$ •   •   12

$47 + 17 - 36$ •   •   72

$66 - 49 + 55$ •   •   28

08 계산 결과를 비교하여 ○ 안에 >, =, <를 알맞게 써넣으세요.

$$17+39-9 \quad \bigcirc \quad 71-28+3$$

09 지희는 구슬을 30개 가지고 있었습니다. 몇 개를 동생에게 주었더니 18개가 남았습니다. 동생에게 준 구슬은 몇 개인지 □를 사용하여 식을 만들고 답을 구해 보세요.

식 _____

답 _____

10 마트에서 62명의 사람들이 장을 보고 있습니다. 잠시 후 28명이 마트를 나가고, 18명이 들어왔습니다. 마트에 남아 있는 사람은 모두 몇 명인가요?

(   )

11

2학년 학생 몇 명이 독서 퀴즈 대회에 참여하였습니다. 중간에 49명이 탈락하고 26명이 끝까지 남았습니다. 독서 퀴즈 대회에 참여한 학생은 모두 몇 명인지 □를 사용한 식으로 나타내고 답을 구해 보세요.

식 _____

답 _____

12

아픈 곳에 따라 가야 하는 병원이 다릅니다. 이가 아플 때는 치과, 눈이 아플 때는 안과, 배가 아플 때는 내과에 갑니다. 어느 마을에 있는 내과의 수는 치과와 안과 수의 합보다 13만큼 적습니다. 이 마을에 있는 내과는 모두 몇 곳인지 구해 보세요.

치과: 18곳
안과: 14곳

(   )

대표 응용 1 어떤 수 구하기

어떤 수에서 23을 빼야 하는데 잘못하여 더했더니 62가 되었습니다. 어떤 수는 얼마인지 구해 보세요.

해결하기

1단계 어떤 수를 □라 하면

□+ ⬚ = ⬚ 입니다.

2단계 덧셈식을 뺄셈식으로 나타내면

⬚ − ⬚ = □입니다.

3단계 따라서 □= ⬚ 입니다.

1-1

어떤 수에서 13을 빼야 하는데 잘못하여 더했더니 51이 되었습니다. 어떤 수는 얼마인지 구해 보세요.

(   )

1-2

어떤 수에서 19를 빼야 하는데 잘못하여 더했더니 53이 되었습니다. 바르게 계산하면 얼마인지 구해 보세요.

(   )

1-3

어떤 수에 35를 더해야 하는데 잘못하여 뺐더니 22가 되었습니다. 어떤 수는 얼마인지 구해 보세요.

(   )

1-4

어떤 수에 16을 더해야 하는데 잘못하여 뺐더니 35가 되었습니다. 바르게 계산하면 얼마인지 구해 보세요.

(   )

대표 응용 2 덧셈식, 뺄셈식에서 모르는 수 구하기

두 수 ♥와 ★의 합을 구해 보세요.

$$34 + ♥ = 43$$
$$★ - 12 = 28$$

해결하기

1단계 $34 + ♥ = 43$을 뺄셈식으로 나타내면

$$\boxed{} - \boxed{} = ♥$$이므로

$$♥ = \boxed{}$$ 입니다.

2단계 $★ - 12 = 28$을 덧셈식으로 나타내면

$$\boxed{} + \boxed{} = ★$$이므로

$$★ = \boxed{}$$ 입니다.

3단계 따라서 $♥ + ★ = \boxed{} + \boxed{}$

$$= \boxed{}$$ 입니다.

2-1

두 수 ♥와 ★의 합을 구해 보세요.

$$27 + ♥ = 52$$
$$★ - 22 = 31$$

(   )

2-2

두 수 ♥와 ★의 합을 구해 보세요.

$$♥ + 18 = 54$$
$$43 - ★ = 25$$

(   )

2-3

두 수 ♥와 ★의 차를 구해 보세요.

$$20 + ♥ = 48$$
$$★ - 59 = 8$$

(   )

2-4

두 수 ♥와 ★를 각각 구해 보세요.

$$14 + ♥ = 56$$
$$★ - 18 = ♥$$

♥ (   )

★ (   )

계산 결과의 크기 비교하기

계산 결과가 큰 것부터 순서대로 기호를 써 보세요.

> ㉠ 29+15+9
> ㉡ 52-15-19
> ㉢ 16+29-12

해결하기

1단계 ㉠ 29+15+9 = ☐

2단계 ㉡ 52-15-19 = ☐

3단계 ㉢ 16+29-12 = ☐

따라서 계산 결과가 큰 것부터 순서대로 기호를 쓰면 ☐ , ☐ , ☐ 입니다.

3-1

계산 결과가 큰 것부터 순서대로 기호를 써 보세요.

> ㉠ 29+18+11
> ㉡ 91-17-29
> ㉢ 40+37-33

(   )

3-2

계산 결과가 큰 것부터 순서대로 기호를 써 보세요.

> ㉠ 39+15-25
> ㉡ 42-27+33
> ㉢ 57+18-42

(   )

3-3

계산 결과가 작은 것부터 순서대로 기호를 써 보세요.

> ㉠ 40+15-19
> ㉡ 82-27+25
> ㉢ 66-18-29

(   )

3-4

계산 결과가 작은 것부터 순서대로 기호를 써 보세요.

> ㉠ 15+25+16
> ㉡ 67-16+38
> ㉢ 34+38-44

(   )

대표 응용 4 알맞은 수 구하기

1부터 9까지의 수 중에서 ♥ 안에 들어갈 수 있는 수는 모두 몇 개인지 구해 보세요.

$$19+21+ ♥ <44$$

해결하기

1단계 덧셈식을 계산합니다.

$$19+21=\boxed{}$$

2단계 $\boxed{}+ ♥ <44$에서 1부터 9까지의 수 중에서 ♥ 안에 들어갈 수 있는 수는

$\boxed{}$, $\boxed{}$, $\boxed{}$ 입니다.

3단계 따라서 ♥ 안에 들어갈 수 있는 수는 모두 $\boxed{}$ 개입니다.

4-1

1부터 9까지의 수 중에서 ♥ 안에 들어갈 수 있는 수는 모두 몇 개인지 구해 보세요.

$$25+27+ ♥ <55$$

(   )

4-2

1부터 9까지의 수 중에서 □ 안에 들어갈 수 있는 수는 모두 몇 개인지 구해 보세요.

$$65-18+\square >53$$

(   )

4-3

1부터 9까지의 수 중에서 □ 안에 들어갈 수 있는 수를 모두 구해 보세요.

$$24+56-\square >74$$

(   )

4-4

1부터 9까지의 수 중에서 □ 안에 들어갈 수 있는 수를 모두 구해 보세요.

$$37+15-25<21+\square$$

(   )

비밀의 문을 열어라!

펭귄이 길을 가다 동굴 앞에 있는 비밀의 문을 발견했어요.

> 어,
> 이게 뭐지?

하지만 꼭 잠겨 있어서 들어갈 수 없었죠.

> 힝.
> 안 열리네.

비밀의 문에는 이런 종이가 붙어 있었어요.

활동 1

동굴 안에는 맛있는 물고기가 가득해요.
열쇠의 비밀번호를 알려면 퀴즈를 풀어야 해요.

〈퀴즈〉

1. $18 + \boxed{㉠} = 27$
2. $\boxed{㉡} - 6 = 2$
3. $\boxed{㉢} + 25 = 31$
4. $21 - \boxed{㉣} = 16$

비밀번호: $\boxed{㉠}$ $\boxed{㉡}$ $\boxed{㉢}$ $\boxed{㉣}$

이제 비밀번호를 눌러 볼까요?

> 야호,
> 열렸다.

⚠ [부록]의 자료를 사용하세요.

물고기를 찾아라!

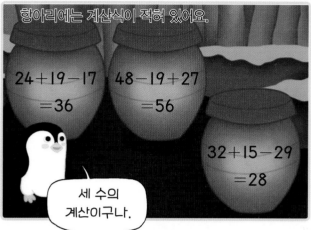

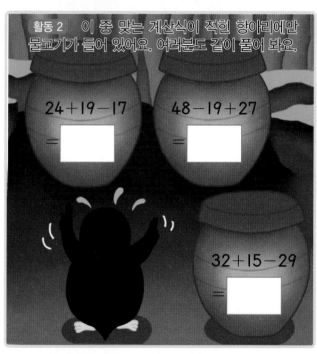

04 단원

곱셈

이번 4단원에서는
곱셈에 대해 배울 거예요.
물건을 묶어 세는 방법도 알아보고, 곱셈하는 방법에 대해 배워 보아요.

1. 묶어 세기

개념 1 여러 가지 방법으로 세어 볼까요

• 순서대로 수 세기

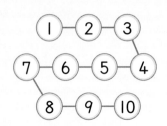

53

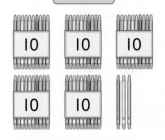

10개씩 묶음	낱개
5	3

• 사탕의 수를 여러 가지 방법으로 세어 보기

방법1 하나씩 세어 보기

하나씩 세어 보면 1, 2, 3, 4, 5, 6, 7, 8, 9, 10, 11, 12이므로 사탕은 모두 12개입니다.

방법2 2씩 뛰어 세어 보기

2씩 뛰어 세어 보면 2, 4, 6, 8, 10, 12로 사탕은 모두 12개입니다.

방법3 묶어 세어 보기

3씩 4번 묶어 세면 3, 6, 9, 12이므로 사탕은 모두 12개입니다.

방법4 10씩 묶고 낱개 더하기

10씩 묶으면 10묶음이 1개이고 낱개가 2개이므로 사탕은 모두 12개입니다.

하나씩 세는 것은 시간이 많이 걸리므로 뛰어 세거나 묶어 세는 것이 편리해요.

수 세는 방법 → | ●씩 뛰어 세기 | ♥씩 묶어 세기 | 10씩 묶고 낱개 더하기 |

[여러 가지 방법으로 묶어 세기]

• 4씩 묶어 세기

4씩 3번 묶어 세면 4, 8, 12이므로 사탕은 모두 12개입니다.

• 6씩 묶어 세기

6씩 2번 묶어 세면 6, 12이므로 사탕은 모두 12개입니다.

개념 2 묶어 세어 볼까요

알고 있어요!

• 10씩 묶어 세기

10개씩 4묶음은 40개입니다.

십 모형은 낱개 모형 10개를 묶은 것입니다. 십 모형 5개 는 50입니다.

알고 싶어요!

• 축구공의 수를 묶어 세어 보기

방법 1 **4**씩 묶어 세어 보기

| 4 | 4 | 4 | 4 | 4 |

4씩 5묶음

| 4 | 8 | 12 | 16 | 20 |

방법 2 **5**씩 묶어 세어 보기

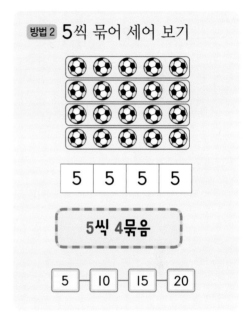

| 5 | 5 | 5 | 5 |

5씩 4묶음

| 5 | 10 | 15 | 20 |

3씩 4묶음

4씩 3묶음

2씩 6묶음

6씩 2묶음

[다른 방법으로 묶어 세기]

2씩 10묶음

10씩 2묶음

개념 3 2의 몇 배를 알아볼까요

• 더하기

$$2+2=4$$

$$2+2+2=6$$

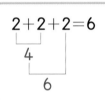

• 2의 몇 배 알아보기

세미   주호

세미가 가지고 있는 빵의 수	2씩 1묶음
주호가 가지고 있는 빵의 수	2씩 4묶음

⬇

주호가 가지고 있는 빵의 수는 세미가 가지고 있는 빵의 수의 **4**배입니다.

2씩 4묶음은 **8**입니다.

2씩 4묶음은 2의 4배입니다.

2의 4배는 $2+2+2+2=8$**입니다.**
4번

2씩 ♥묶음 ➡ 2의 ♥배

[다른 방법으로 묶어 세기]

2	4	6
2씩 1묶음 ➡ 2의 1배	2씩 2묶음 ➡ 2의 2배	2씩 3묶음 ➡ 2의 3배

개념 4 몇의 몇 배를 알아볼까요

알고 있어요!

• 더하기

$$3+3=6$$

$$3+3+3=9$$
$$6$$
$$9$$

알고 싶어요!

• 3의 5배 알아보기

3씩 5묶음은 15입니다.

3씩 5묶음은 3의 5배입니다.

3의 5배는 $3+3+3+3+3=15$입니다.
5번

 3의 5배는 3을 5번 더해요.

 15는 3의 5배예요.

●씩 ▲묶음 ➡ ●의 ▲배 ➡ ●을 ▲번 더한 수

[20이 4의 몇 배인지 알아보기]

4, 8, 12, 16, 20으로 4씩 뛰어 세기를 하면 20입니다.

$$4+4+4+4+4=20$$
5번

➡ 20은 4의 5배입니다.

수해력을 확인해요

• 뛰어 세어 보기

2	4	6

딸기는 [6] 개입니다.

01 ~ 06 몇 개인지 묶어 세어 보세요.

01

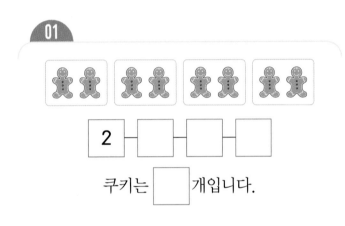

2			

쿠키는 [ ] 개입니다.

02

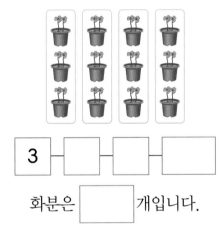

3			

화분은 [ ] 개입니다.

03

4			

단추는 [ ] 개입니다.

04

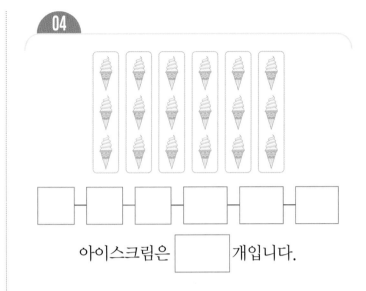

아이스크림은 [ ] 개입니다.

05

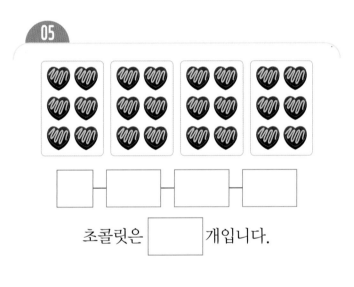

초콜릿은 [ ] 개입니다.

06

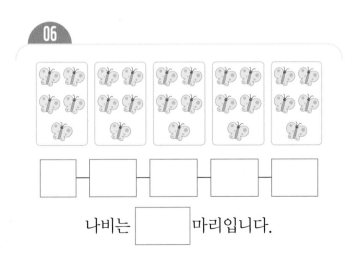

나비는 [ ] 마리입니다.

정답과 풀이 **22**쪽

• 묶어 세어 보기

(1) 2씩 **5** 묶음은 **10** 입니다.

(2) 2씩 **5** 묶음은 2의 **5** 배입니다.

(3) 2의 **5** 배는 **10** 입니다.

07~11 그림을 보고 □ 안에 알맞은 수를 써넣으세요.

07

(1) 2씩 □ 묶음은 □ 입니다.

(2) 2씩 □ 묶음은 2의 □ 배입니다.

(3) 2의 □ 배는 □ 입니다.

08

(1) 3씩 □ 묶음은 □ 입니다.

(2) 3씩 □ 묶음은 3의 □ 배입니다.

(3) 3의 □ 배는 □ 입니다.

09

(1) 4씩 □ 묶음은 □ 입니다.

(2) 4씩 □ 묶음은 4의 □ 배입니다.

(3) 4의 □ 배는 □ 입니다.

10

(1) 6씩 □ 묶음은 □ 입니다.

(2) 6씩 □ 묶음은 6의 □ 배입니다.

(3) 6의 □ 배는 □ 입니다.

11

(1) 8씩 □ 묶음은 □ 입니다.

(2) 8씩 □ 묶음은 8의 □ 배입니다.

(3) 8의 □ 배는 □ 입니다.

수해력을 높여요

01 과자는 모두 몇 개인지 세어 보세요.

과자는 모두 ☐ 개입니다.

02 귤은 모두 몇 개인지 8개씩 묶어 세어 보세요.

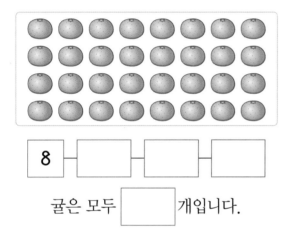

| 8 | ☐ | ☐ | ☐ |

귤은 모두 ☐ 개입니다.

03 쿠키의 수를 두 가지 방법으로 세어 보세요.

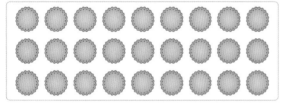

3씩 ☐ 묶음

9씩 ☐ 묶음

쿠키는 모두 ☐ 개입니다.

04 그림을 보고 ☐ 안에 알맞은 수를 써넣으세요.

3씩 묶어 세어 보면 3개씩 ☐ 묶음이므로 모두 ☐ 개입니다.

05 그림을 보고 ☐ 안에 알맞은 수를 써넣으세요.

(1) 2씩 ☐ 묶음은 ☐ 입니다.

(2) 2씩 ☐ 묶음은 2의 ☐ 배입니다.

(3) 2의 ☐ 배는 ☐ 입니다.

06 ☐ 안에 알맞은 수를 써넣으세요.

(1) $5+5+5+5+5$ ➡ ☐ 의 ☐ 배

(2) $7+7+7$ ➡ ☐ 의 ☐ 배

07 자전거 바퀴의 수는 2의 몇 배인지 □ 안에 알맞은 수를 써넣으세요.

2의 □ 배입니다.

08 관계 있는 것끼리 선으로 이어 보세요.

3의 5배 ·   · 14

7의 2배 ·   · 15

4의 4배 ·   · 16

09 그림을 보고 □ 안에 알맞은 수를 써넣으세요.

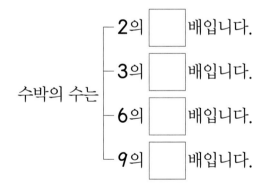

수박의 수는
┌ 2의 □ 배입니다.
├ 3의 □ 배입니다.
├ 6의 □ 배입니다.
└ 9의 □ 배입니다.

10 ㉠은 ㉡의 몇 배인지 □ 안에 알맞은 수를 써넣으세요.

5의 8배는 ㉠입니다.
4의 5배는 ㉡입니다.

㉠은 ㉡의 □ 배입니다.

⑪ 실생활 활용

그림과 같이 한 송이에 4개가 달린 바나나를 6 송이 샀습니다. 바나나를 똑같이 나누어 먹기 위해 알맞은 수를 □ 안에 써넣으세요.

(1) 바나나를 2개씩 똑같이 □ 명이 나누어 먹기

(2) 바나나를 3개씩 똑같이 □ 명이 나누어 먹기

⑫ 교과 융합

미술시간에 필요한 색종이를 다음과 같은 덧셈 식처럼 똑같이 나누어 주었습니다. □ 안에 알맞은 수를 써넣으세요.

$$4+4+4+4+4$$

(1) 색종이를 한 명당 □ 장씩 나누어 주었습니다.

(2) 색종이를 받은 사람은 모두 □ 명입니다.

(3) 색종이는 모두 □ 장입니다.

1 곱하는 수 알아보기

6개씩 3상자에 포장된 찹쌀떡을 9개씩 한 상자에 넣어 포장하려고 합니다. 상자는 모두 몇 개가 필요한지 구해 보세요.

해결하기

1단계 6개씩 3묶음은 ☐ 개입니다.

2단계 9+☐ =18이므로 9개씩 ☐ 묶음이 됩니다.

3단계 따라서 상자는 모두 ☐ 개가 필요합니다.

1-1

한 접시에 주먹밥을 3개씩 담았습니다. 주먹밥을 4개씩 한 접시에 담으려면 접시는 모두 몇 개가 필요한지 구해 보세요.

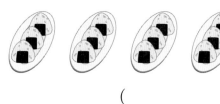

(   )

2 규칙 찾아 개수 구하기

다음과 같은 규칙으로 구슬을 놓았습니다. 넷째에 놓아야 하는 구슬은 모두 몇 개인지 구해 보세요.

첫째	둘째	셋째
●●	●● ●●	●● ●● ●●

해결하기

1단계 셋째에 놓은 구슬은
2의 ☐ 배이므로 ☐ 개입니다.

2단계 넷째에 놓아야 하는 구슬은
2의 ☐ 배이므로 ☐ 개입니다.

3단계 따라서 넷째에 놓아야 하는 구슬은 모두 ☐ 개입니다.

2-1

다음과 같은 규칙으로 별 스티커를 붙였습니다. 다섯째에 붙여야 할 별 스티커는 모두 몇 개인지 구해 보세요.

첫째	둘째	셋째
★ ★★	★ ★ ★★★★	★ ★ ★ ★★★★★★

(   )

대표 응용 3 | 몇의 몇 배 이용하여 문제 해결하기

㉠과 ㉡에 알맞은 수의 합을 구해 보세요.

> • 5의 4배는 ㉠입니다.
> • 8의 ㉡배는 32입니다.

해결하기

1단계 5의 4배는 [ ]입니다.

2단계 8의 [ ]배는 32배입니다.

3단계 따라서 ㉠+㉡=[ ]입니다.

3-1

㉠과 ㉡에 알맞은 수의 합을 구해 보세요.

> • 7의 3배는 ㉠입니다.
> • 9의 ㉡배는 36입니다.

(   )

3-2

㉠과 ㉡에 알맞은 수의 합을 구해 보세요.

> • ㉠의 4배는 28입니다.
> • 5의 ㉡배는 30입니다.

(   )

대표 응용 4 | 덧셈식을 이용하여 문제 해결하기

초콜릿 한 개의 길이는 7 cm입니다. 초콜릿 4개를 빈틈없이 이어 붙였을 때 이어 붙인 초콜릿 4개의 길이를 구해 보세요.

해결하기

1단계 초콜릿 한 개의 길이는 [ ] cm입니다.

2단계 초콜릿은 4개이므로 [ ]의 4배를 덧셈식으로 나타내면 [ ]+[ ]+[ ]+[ ]=[ ]입니다.

3단계 따라서 초콜릿 4개의 길이는 [ ] cm입니다.

4-1

장난감 소방차 한 대의 길이는 9 cm입니다. 장난감 소방차 6대를 빈틈없이 이어 붙였을 때 전체 길이는 몇 cm인지 구해 보세요.

(   )

2. 곱셈식

개념 1 곱셈식을 알아볼까요

• 묶어 세기

7씩 3묶음

• 몇의 몇 배

3씩 3묶음 ➡ 3의 3배

3의 3배
↓
3+3+3=9

• 곱셈 알아보기

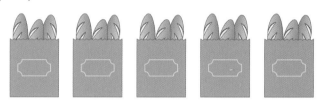

묶어 세기	빵의 수는 3씩 5묶음입니다.
3의 몇 배	3씩 5묶음은 3의 5배입니다.

⬇

쓰기 3×5

읽기 3 곱하기 5

X는 '곱하기'라고 읽어요. 왼쪽 위부터 써도 되고 오른쪽 위부터 써도 돼요.

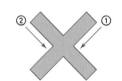

●씩 ▲묶음 ➡ ●의 ▲배 ➡ ● X ▲ ➡ ● 곱하기 ▲

[곱셈식으로 나타내고 읽기]

딸기의 수는 6의 4배입니다.

덧셈식으로 나타내기	6+6+6+6=24
곱셈식으로 나타내기	6×4=24

읽기 ┌ 6 곱하기 4는 24와 같습니다.
     └ 6과 4의 곱은 24입니다.

개념 2 곱셈식으로 나타내어 볼까요

알고 있어요!

• 몇의 몇 배

4씩 4묶음 ➡ 4의 4배

4+4+4+4=16
4번

알고 싶어요!

• 복숭아의 수 알아보기

  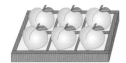

① 몇의 몇 배인지 알아보기
  ― 복숭아의 수는 6의 3배입니다.

② 덧셈식과 곱셈식으로 나타내기

덧셈식 6+6+6=18
곱셈식 6×3=18

③ 복숭아의 수는 18개입니다.

●씩 ▲묶음 | ●의 ▲배 | ●와 ▲의 곱 | ● 곱하기 ▲ ➡ ● × ▲

[다양한 곱셈식으로 나타내기]

2씩 6묶음 ➡ 2×6=12

6씩 2묶음 ➡ 6×2=12

3씩 4묶음 ➡ 3×4=12

4씩 3묶음 ➡ 4×3=12

묶는 방법에 따라 다양한 곱셈식으로 나타낼 수 있어요.

• 곱셈식으로 나타내기

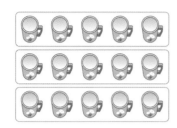

5씩 3 묶음은 15

→ 5 × 3 = 15

01~05 그림을 보고 □ 안에 알맞은 수를 써넣으세요.

01

6씩 □ 묶음은 □

→ □ × □ = □

02

4씩 □ 묶음은 □

→ □ × □ = □

03

7씩 □ 묶음은 □

→ □ × □ = □

04

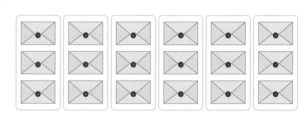

3씩 □ 묶음은 □

→ □ × □ = □

05

8씩 □ 묶음은 □

→ □ × □ = □

• 덧셈식과 곱셈식으로 나타내기

덧셈식	$3+3+3+3+3=15$
곱셈식	$3\times5=15$

 06~11 빈칸에 알맞은 식을 써넣으세요.

06

덧셈식	
곱셈식	

07

덧셈식	
곱셈식	

08

덧셈식	
곱셈식	

09

덧셈식	
곱셈식	

10

덧셈식	
곱셈식	

11

덧셈식	
곱셈식	

01 그림을 보고 □ 안에 알맞은 수를 써넣으세요.

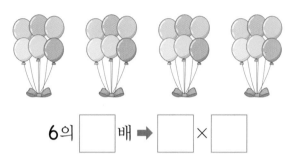

6의 □배 ➡ □ × □

02 □ 안에 알맞은 수를 써넣으세요.

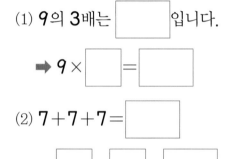

(1) 9의 3배는 □ 입니다.

➡ 9 × □ = □

(2) 7 + 7 + 7 = □

➡ □ × □ = □

03 그림을 보고 □ 안에 알맞은 수를 써넣으세요.

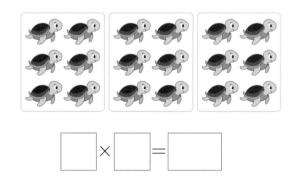

□ × □ = □

04 쌓기나무의 수를 덧셈식과 곱셈식으로 나타내려고 합니다. □ 안에 알맞은 수를 써넣으세요.

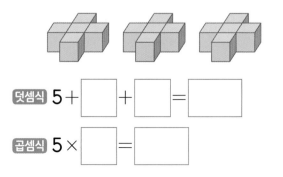

덧셈식 5 + □ + □ = □

곱셈식 5 × □ = □

05 안경알은 모두 몇 개인지 곱셈식으로 나타내려고 합니다. □ 안에 알맞은 수를 써넣으세요.

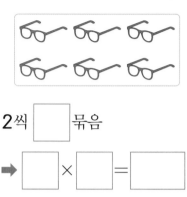

2씩 □ 묶음

➡ □ × □ = □

06 네잎클로버가 4개 있습니다. 클로버의 잎은 모두 몇 개인지 곱셈식으로 나타내려고 합니다. □ 안에 알맞은 수를 써넣으세요.

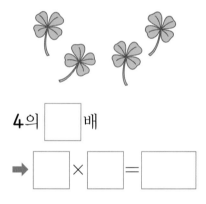

4의 □ 배

➡ □ × □ = □

07 관계있는 것끼리 선으로 이어 보세요.

3의 5배 •   • 4 × 4

9 곱하기 2 •   • 9 × 2

4씩 4묶음 •   • 3 × 5

08 토끼 인형의 수를 나타내는 것을 모두 찾아 ○ 표 하세요.

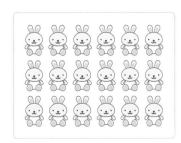

2×9	3×6	4×4	5×3

09 고양이가 규칙적으로 그려진 담요에 강아지가 앉아 있습니다. 담요에 그려진 고양이는 모두 몇 마리인지 구해 보세요.

(   )

10 가장 큰 수를 나타내는 것을 찾아 기호를 써 보세요.

㉠ 5의 4배	㉡ 3×7
㉢ 6씩 3묶음	㉣ 8의 3배

(   )

11 실생활 활용

마트에 가서 달걀 한 판을 샀습니다. 달걀의 수를 덧셈식과 곱셈식으로 나타내 보세요.

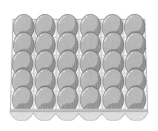

(1) 덧셈식으로 나타내면

5 + □ + □ + □ + □

+ □ = □ 입니다.

(2) 곱셈식으로 나타내면

5 × □ = □ 입니다.

(3) 달걀 한 판에 들어 있는 달걀의 수는

모두 □ 개입니다.

12 교과 융합

미술 시간에 바람개비를 만들었습니다. 바람개비 1개를 만드는데 2장의 색종이가 필요합니다. 바람개비 5개를 만들기 위해 필요한 색종이의 수를 덧셈식과 곱셈식으로 나타내 보세요.

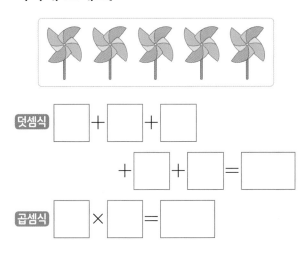

덧셈식 □ + □ + □

+ □ + □ = □

곱셈식 □ × □ = □

수해력을 완성해요

대표 응용 1 곱셈식을 이용하여 문제 해결하기

□ 안에 들어갈 두 수의 곱은 얼마인지 구해 보세요.

$$□×9=36 \qquad 8×□=24$$

해결하기

1단계 □×9=36에서 [   ]를 9번 더해야 36이 됩니다.

2단계 8×□=24에서 8을 [   ]번 더해야 24가 됩니다.

3단계 따라서 □ 안에 들어갈 두 수의 곱은

[   ] × [   ] = [   ] 입니다.

1-1

□ 안에 들어갈 두 수의 곱은 얼마인지 구해 보세요.

$$5×□=15 \qquad □×7=56$$

(   )

1-2

★과 ♥에 들어갈 두 수의 곱을 구해 보세요.

6의 6배와 9의 ★배는 같습니다.

4의 ♥배와 3의 8배는 같습니다.

(   )

1-3

▲와 ●에 들어갈 두 수의 합을 구해 보세요.

$$▲×4=▲+▲+▲+▲=24$$
$$3×●=3+3+3+3+3+3+3+3$$
$$=24$$

(   )

1-4

ⓛ에 알맞은 수를 구해 보세요.

$$7×㉠=56 \qquad ㉠×ⓛ=24$$

(   )

대표 응용 2 곱셈식을 활용하여 문제 해결하기

세호 동생의 나이는 2살입니다. 세호의 나이는 동생 나이의 5배이고 세호 누나의 나이는 세호 동생 나이의 7배입니다. 세호 누나는 세호보다 몇 살 더 많은지 구해 보세요.

해결하기

1단계 세호의 나이는 2의 ☐ 배이므로

$2 \times$ ☐ $=$ ☐ (살)입니다.

2단계 세호 누나의 나이는 2의 ☐ 배이므로

$2 \times$ ☐ $=$ ☐ (살)입니다.

3단계 ☐ $-$ ☐ $=$ ☐ (살)이므로

세호 누나는 세호보다 ☐ 살 더 많습니다.

2-1

지수는 이번 달에 동화책을 4권 읽었습니다. 나래는 지수가 읽은 동화책 수의 3배를 읽었고 성호는 지수가 읽은 동화책 수의 6배를 읽었습니다. 성호는 나래보다 동화책을 몇 권 더 읽었는지 구해 보세요.

(   )

대표 응용 3 수 카드로 곱셈식 만들기

4장의 수 카드 중에서 두 장을 골라 곱셈식으로 나타내려고 합니다. 곱셈식으로 나타낸 곱이 두 번째로 큰 경우의 곱은 얼마인지 구해 보세요.

| 4 | 5 | 6 | 8 |

해결하기

1단계 곱이 가장 큰 경우는 수 카드 중 가장 큰 수와 두 번째로 큰 수의 곱인 ☐ $\times$ ☐ 입니다.

2단계 곱이 두 번째로 큰 경우는 수 카드 중 가장 큰 수와 세 번째로 큰 수의 곱인

☐ $\times$ ☐ 입니다.

3단계 따라서 곱셈식으로 나타낸 곱이 두 번째로 큰 경우의 곱은 ☐ 입니다.

3-1

4장의 수 카드 중에서 두 장의 카드를 골라 곱셈식으로 나타내려고 합니다. 곱셈식으로 나타낸 곱이 가장 큰 경우의 곱은 얼마인지 구해 보세요.

| 1 | 6 | 7 | 5 |

(   )

보물 상자의 비밀번호를 찾아라!

활동 1 그림을 보고 '몇씩 몇 묶음' 동시를 완성해 보세요. 0부터 9까지의 수 중 동시에서 사용되지 않은 수를 크기가 작은 수부터 큰 수까지 순서대로 늘어놓으면 보물상자의 비밀번호가 됩니다.

몇씩 몇 묶음

하늘에는 ☆이 [ ] 씩 [ ] 묶음

동산에는 🌳가 [ ] 씩 [ ] 묶음

도로에는 🚗가 [ ] 씩 [ ] 묶음

길가에는 🌼이 [ ] 씩 [ ] 묶음

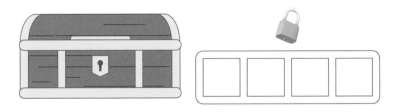

동물들에게 보금자리를 만들어 주어요!

활동 2 사랑스러운 동물들에게 가족들과 함께 살 수 있는 포근한 집이 필요해요. 각 동물들에게 필요한 집은 몇 채인지 집의 수만큼 색칠해 보세요.

우리는 4마리씩 한 가족이야!

우리는 6마리씩 한 가족이야!

우리는 5마리씩 한 가족이야!

05 단원

곱셈구구

📍 등장하는 주요 **수학 어휘**

곱셈구구 , 곱셈표

풍선은 5개씩 묶어 두 군데에 장식하는게 좋겠어요.

그러면 풍선은 모두 몇 개 준비하면 될까?

샌드위치는 접시 3개에 4개씩 놓으면 되겠다.

샌드위치는 몇 개가 필요할까요?

떡은 8개씩 두 접시에 나누어 담는게 좋겠다.

떡이 몇 개 있으면 될까요?

김밥은 5개씩 접시 3개에 나누어 담으면 될 것 같아.

김밥은 모두 몇 개가 필요할까요?

이번 5단원에서는
곱셈구구에 대해 배울 거예요.
이전에 배운 곱셈식을 알아보고, 곱셈구구의 원리를 이해하여 각 단의 곱셈구구를 배워 보아요.

1. 2, 5, 3, 6단 곱셈구구

개념 1 2, 5단 곱셈구구를 알아볼까요

알고 있어요!

• 구슬의 수 알아보기

2씩 5묶음

2의 5배

덧셈식
2+2+2+2+2=10
곱셈식
2×5=10

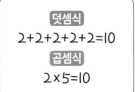

$2\times1=2$
$2\times2=4$ +2
$2\times3=6$ +2

$5\times3=15$
$5\times4=20$ +5
$5\times5=25$ +5

알고 싶어요!

• 2단 곱셈구구

$2\times2=4$
$2\times3=6$
$2\times4=8$

×	1	2	3	4	5	6	7	8	9
2	2	4	6	8	10	12	14	16	18

> 2단 곱셈구구에서는 곱하는 수가 1씩 커지면 곱은 2씩 커집니다.

• 5단 곱셈구구

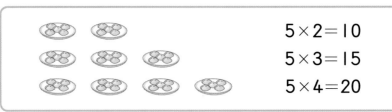

$5\times2=10$
$5\times3=15$
$5\times4=20$

×	1	2	3	4	5	6	7	8	9
5	5	10	15	20	25	30	35	40	45

> 5단 곱셈구구에서는 곱하는 수가 1씩 커지면 곱은 5씩 커집니다.

[2×4의 크기 알아보기]

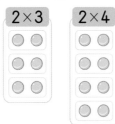

2×4는 2×3보다 2개씩 1묶음 더 많습니다.
2×4는 2×3보다 2만큼 더 큽니다.

[5×4의 크기 알아보기]

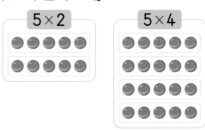

5×4는 5×2보다 5개씩 2묶음 더 많습니다.
5×4는 5×2보다 10만큼 더 큽니다.

개념 **2** 3, 6단 곱셈구구를 알아볼까요

• 연필의 수 알아보기

3씩 6묶음

↓

3의 6배

덧셈식
3+3+3+3+3+3=18
곱셈식
3×6=18

$3×1=3$
$3×2=6$ +3
$3×3=9$ +3

$6×4=24$ +6
$6×5=30$ +6
$6×6=36$

• 3단 곱셈구구

$3×2=6$
$3×3=9$
$3×4=12$

×	1	2	3	4	5	6	7	8	9
3	3	6	9	12	15	18	21	24	27

> 3단 곱셈구구에서는 곱하는 수가 1씩 커지면 곱은 3씩 커집니다.

• 6단 곱셈구구

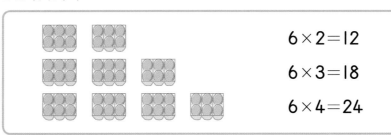

$6×2=12$
$6×3=18$
$6×4=24$

×	1	2	3	4	5	6	7	8	9
6	6	12	18	24	30	36	42	48	54

> 6단 곱셈구구에서는 곱하는 수가 1씩 커지면 곱은 6씩 커집니다.

[3×4의 크기 알아보기]

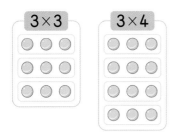

3×4는 3×3보다 3개씩 1묶음 더 많습니다.
3×4는 3×3보다 3만큼 더 큽니다.

[6×4의 크기 알아보기]

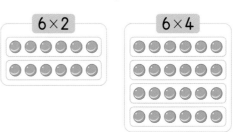

6×4는 6×2보다 6개씩 2묶음 더 많습니다.
6×4는 6×2보다 12만큼 더 큽니다.

수해력을 확인해요

• 2씩 몇 묶음	• 2단 곱셈구구
2씩 $\boxed{1}$ 묶음	$2 \times \boxed{1} = \boxed{2}$

01~08 □ 안에 알맞은 수를 써넣으세요.

01

(1) 2씩 몇 묶음

2씩 $\boxed{}$ 묶음

(2) 2단 곱셈구구

$2 \times \boxed{} = \boxed{}$

02

(1) 2씩 몇 묶음

2씩 $\boxed{}$ 묶음

(2) 2단 곱셈구구

$2 \times \boxed{} = \boxed{}$

03

(1) 2씩 몇 묶음

2씩 $\boxed{}$ 묶음

(2) 2단 곱셈구구

$2 \times \boxed{} = \boxed{}$

04

(1) 2씩 몇 묶음

2씩 $\boxed{}$ 묶음

(2) 2단 곱셈구구

$2 \times \boxed{} = \boxed{}$

05

(1) 2씩 몇 묶음

2씩 $\boxed{}$ 묶음

(2) 2단 곱셈구구

$2 \times \boxed{} = \boxed{}$

06

(1) 2씩 몇 묶음

2씩 $\boxed{}$ 묶음

(2) 2단 곱셈구구

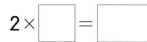

$2 \times \boxed{} = \boxed{}$

07

(1) 2씩 몇 묶음

2씩 $\boxed{}$ 묶음

(2) 2단 곱셈구구

$2 \times \boxed{} = \boxed{}$

08

(1) 2씩 몇 묶음

2씩 $\boxed{}$ 묶음

(2) 2단 곱셈구구

$2 \times \boxed{} = \boxed{}$

• 5씩 몇 묶음

5씩 │ 1 │ 묶음

• 5단 곱셈구구

5 × │ 1 │ = │ 5 │

09~16 □ 안에 알맞은 수를 써넣으세요.

09

(1) 5씩 몇 묶음

5씩 □ 묶음

(2) 5단 곱셈구구

5 × □ = □

10

(1) 5씩 몇 묶음

5씩 □ 묶음

(2) 5단 곱셈구구

5 × □ = □

11

(1) 5씩 몇 묶음

5씩 □ 묶음

(2) 5단 곱셈구구

5 × □ = □

12

(1) 5씩 몇 묶음

5씩 □ 묶음

(2) 5단 곱셈구구

5 × □ = □

13

(1) 5씩 몇 묶음

5씩 □ 묶음

(2) 5단 곱셈구구

5 × □ = □

14

(1) 5씩 몇 묶음

5씩 □ 묶음

(2) 5단 곱셈구구

5 × □ = □

15

(1) 5씩 몇 묶음

5씩 □ 묶음

(2) 5단 곱셈구구

5 × □ = □

16

(1) 5씩 몇 묶음

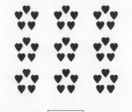

5씩 □ 묶음

(2) 5단 곱셈구구

5 × □ = □

• 3씩 몇 묶음

3씩 $\boxed{1}$ 묶음

• 3단 곱셈구구

3 × $\boxed{1}$ = $\boxed{3}$

17 ~ 24 □ 안에 알맞은 수를 써넣으세요.

17
(1) 3씩 몇 묶음

3씩 $\boxed{}$ 묶음

(2) 3단 곱셈구구

3 × $\boxed{}$ = $\boxed{}$

18
(1) 3씩 몇 묶음

3씩 $\boxed{}$ 묶음

(2) 3단 곱셈구구

3 × $\boxed{}$ = $\boxed{}$

19
(1) 3씩 몇 묶음

3씩 $\boxed{}$ 묶음

(2) 3단 곱셈구구

3 × $\boxed{}$ = $\boxed{}$

20
(1) 3씩 몇 묶음

3씩 $\boxed{}$ 묶음

(2) 3단 곱셈구구

3 × $\boxed{}$ = $\boxed{}$

21
(1) 3씩 몇 묶음

3씩 $\boxed{}$ 묶음

(2) 3단 곱셈구구

3 × $\boxed{}$ = $\boxed{}$

22
(1) 3씩 몇 묶음

3씩 $\boxed{}$ 묶음

(2) 3단 곱셈구구

3 × $\boxed{}$ = $\boxed{}$

23
(1) 3씩 몇 묶음

3씩 $\boxed{}$ 묶음

(2) 3단 곱셈구구

3 × $\boxed{}$ = $\boxed{}$

24
(1) 3씩 몇 묶음

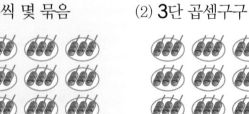

3씩 $\boxed{}$ 묶음

(2) 3단 곱셈구구

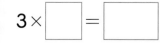

3 × $\boxed{}$ = $\boxed{}$

· 6씩 몇 묶음

6씩 ⬚1⬚ 묶음

· 6단 곱셈구구

$6 \times \boxed{1} = \boxed{6}$

25~32 ☐ 안에 알맞은 수를 써넣으세요.

25

(1) 6씩 몇 묶음

6씩 ☐ 묶음

(2) 6단 곱셈구구

$6 \times \boxed{} = \boxed{}$

26

(1) 6씩 몇 묶음

6씩 ☐ 묶음

(2) 6단 곱셈구구

$6 \times \boxed{} = \boxed{}$

27

(1) 6씩 몇 묶음

6씩 ☐ 묶음

(2) 6단 곱셈구구

$6 \times \boxed{} = \boxed{}$

28

(1) 6씩 몇 묶음

6씩 ☐ 묶음

(2) 6단 곱셈구구

$6 \times \boxed{} = \boxed{}$

29

(1) 6씩 몇 묶음

6씩 ☐ 묶음

(2) 6단 곱셈구구

$6 \times \boxed{} = \boxed{}$

30

(1) 6씩 몇 묶음

6씩 ☐ 묶음

(2) 6단 곱셈구구

$6 \times \boxed{} = \boxed{}$

31

(1) 6씩 몇 묶음

6씩 ☐ 묶음

(2) 6단 곱셈구구

$6 \times \boxed{} = \boxed{}$

32

(1) 6씩 몇 묶음

6씩 ☐ 묶음

(2) 6단 곱셈구구

$6 \times \boxed{} = \boxed{}$

01 그림을 보고 □ 안에 알맞은 수를 써넣으세요.

(1) 뿔이 2개인 염소가 □ 마리 있습니다.

(2) $2+2+2+2+2+2=$ □

(3) $2\times6=$ □

02 곱셈식을 보고 빈 곳에 ☆를 그려 보세요.

$$2\times7=14$$

03 수아는 매일 물을 2병씩 마십니다. 수아가 7일 동안 마시는 물은 모두 몇 병인지 □ 안에 알맞은 수를 써넣으세요.

$2\times$ □ $=$ □ (병)

04 수직선을 보고 □ 안에 알맞은 수를 써넣으세요.

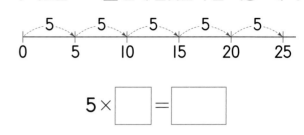

$5\times$ □ $=$ □

05 주사위 눈의 수의 합은 얼마인지 덧셈식과 곱셈식으로 나타내려고 합니다. □ 안에 알맞은 수를 써넣으세요.

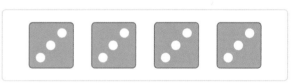

(1) $3+3+3+3=$ □

(2) $3\times4=$ □

06 3단 곱셈구구의 값을 찾아 선으로 이어 보세요.

3×3 · · 21

3×7 · · 27

3×9 · · 9

07 그림과 같이 숫자 6이 쓰인 공이 있습니다. 공에 적힌 수의 합은 얼마인지 곱셈식으로 나타내 보세요.

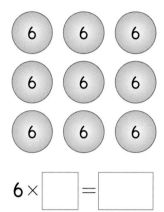

$$6 \times \boxed{} = \boxed{}$$

08 야구공은 모두 몇 개인지 두 가지 곱셈식으로 나타내 보세요.

$$3 \times \boxed{} = \boxed{}$$
$$6 \times \boxed{} = \boxed{}$$

09 □ 안에 알맞은 수를 써넣으세요.

(1) $2 \times \boxed{} = 16$ (2) $5 \times 8 = \boxed{}$

(3) $3 \times \boxed{} = 27$ (4) $6 \times \boxed{} = 48$

10 □ 안에 알맞은 수를 써넣으세요.

$$3 \times \blacktriangle = 12$$
$$5 \times \bullet = 30$$

$$\blacktriangle \times \bullet = \boxed{}$$

11 실생활 활용 ||||||||||||||||||||||||||||||||||||||

마트의 달걀 판매대에 그림과 같이 달걀이 남아 있습니다. 남은 달걀의 수를 곱셈식으로 나타내려고 합니다. □ 안에 알맞은 수를 써넣으세요.

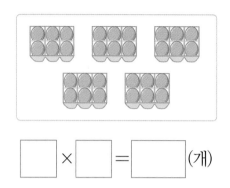

$$\boxed{} \times \boxed{} = \boxed{} \ (개)$$

12 교과 융합 ||||||||||||||||||||||||||||||||||||||

체육시간에 긴줄넘기를 하기 위해 5명이 한 팀이 되도록 4팀을 구성하였습니다. 긴줄넘기에 참가하는 사람은 모두 몇 명인지 □ 안에 알맞은 수를 써넣으세요.

$$\boxed{} \times \boxed{} = \boxed{} \ (명)$$

수해력을 완성해요

알맞은 수 구하기

2×9와 3×7 사이에 있는 수는 모두 몇 개인지 구해 보세요.

해결하기

1단계 $2 \times 9 = \boxed{}$ 입니다.

2단계 $3 \times 7 = \boxed{}$ 입니다.

3단계 따라서 2×9와 3×7 사이에 있는 수 는 모두 $\boxed{}$ 개입니다.

1-1

5×3과 6×4 사이에 있는 수는 모두 몇 개인지 구해 보세요.

(   )

1-2

□ 안에 들어갈 수 있는 수를 모두 구해 보세요.

$$3 \times 6 < \square < 5 \times 5$$

(   )

1-3

□ 안에 들어갈 수 있는 수 중 5단 곱셈구구에 있 는 수를 구해 보세요.

$$2 \times 8 < \square < 3 \times 8$$

(   )

1-4

다음 조건을 모두 만족하는 수를 구해 보세요.

㉠ $2 \times 9 < \square < 5 \times 6$
㉡ 3단 곱셈구구에 있는 수
㉢ 6단 곱셈구구에 있는 수

(   )

대표 응용 2

2, 5, 3, 6단 곱셈구구를 이용하여 문제 해결하기

다래는 구슬을 37개 가지고 있었습니다. 그 중에서 5개씩을 언니와 오빠에게 각각 나누어 주고, 3개씩을 친구 5명에게 각각 나누어 주었습니다. 남은 구슬은 몇 개인지 구해 보세요.

해결하기

1단계 5개씩을 언니와 오빠에게 각각 나누어 주었으므로 언니와 오빠에게 준 구슬은

$\boxed{} \times 2 = \boxed{}$ (개)입니다.

2단계 3개씩을 친구 5명에게 각각 나누어 주었으므로 친구에게 준 구슬은

$\boxed{} \times 5 = \boxed{}$ (개)입니다.

3단계 나누어 준 구슬의 수는

$\boxed{} + \boxed{} = \boxed{}$ (개)이므로

나누어 주고 남은 구슬의 수는

$37 - \boxed{} = \boxed{}$ (개)입니다.

2-1

효주는 색종이를 60장 가지고 있었습니다. 꽃과 나비를 만드는데 각각 6장씩 쓰고 5장씩을 모둠 친구 4명에게 각각 나누어 주었습니다. 남은 색종이는 몇 장인지 구해 보세요.

( )

2-2

예서는 엄마에게 딸기맛 사탕과 포도맛 사탕을 각각 6개씩 받았고 사탕을 3개씩 동생 3명에게 각각 나누어 주었습니다. 나누어 주고 남은 사탕은 모두 몇 개인지 구해 보세요.

( )

2-3

희수는 한 상자에 3개씩 들어 있는 컵케이크를 4상자 샀고, 새별이는 6개씩 들어 있는 컵케이크를 3상자 샀습니다. 희수와 새별이가 사온 컵케이크는 모두 몇 개인지 구해 보세요.

( )

2-4

서희는 리본을 5 cm 길이로 잘라 7개를 만들어 포장 상자를 꾸몄습니다. 포장 상자를 꾸미고 남은 리본을 다시 6 cm 길이로 잘라 8개를 만들어 동생에게 주고 나니 23 cm가 남았습니다. 처음에 있던 리본은 몇 cm인지 구해 보세요.

( )

2. 4, 8, 7, 9단 곱셈구구

개념1 4, 8단 곱셈구구를 알아볼까요

알고 있어요!

알고 싶어요!

• 어묵꼬치의 수 알아보기

4씩 6묶음

↓

4의 6배

덧셈식
4+4+4+4+4+4=24
곱셈식
4×6=24

4×1=4
4×2=8   +4
4×3=12   +4

8×4=32
8×5=40   +8
8×6=48   +8

• 4단 곱셈구구

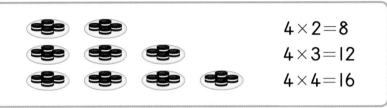

4×2=8
4×3=12
4×4=16

×	1	2	3	4	5	6	7	8	9
4	4	8	12	16	20	24	28	32	36

4단 곱셈구구에서는 곱하는 수가 1씩 커지면 곱은 4씩 커집니다.

• 8단 곱셈구구

8×2=16
8×3=24
8×4=32

×	1	2	3	4	5	6	7	8	9
8	8	16	24	32	40	48	56	64	72

8단 곱셈구구에서는 곱하는 수가 1씩 커지면 곱은 8씩 커집니다.

[4×4의 크기 알아보기]

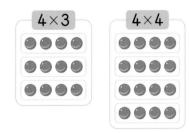

4×3   4×4

4×4는 4×3보다 4개씩 1묶음 더 많습니다.
4×4는 4×3보다 4만큼 더 큽니다.

[8×4의 크기 알아보기]

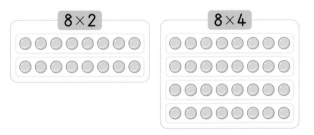

8×2   8×4

8×4는 8×2보다 8개씩 2묶음 더 많습니다.
8×4는 8×2보다 16만큼 더 큽니다.

개념 2 7, 9단 곱셈구구를 알아볼까요

알고 있어요!

• 떡의 수 알아보기

9씩 4묶음

9의 4배

덧셈식
9+9+9+9=36
곱셈식
9×4=36

$7 \times 1 = 7$
$7 \times 2 = 14$ +7
$7 \times 3 = 21$ +7

$9 \times 4 = 36$
$9 \times 5 = 45$ +9
$9 \times 6 = 54$ +9

알고 싶어요!

• 7단 곱셈구구

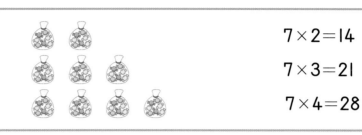

$7 \times 2 = 14$
$7 \times 3 = 21$
$7 \times 4 = 28$

×	1	2	3	4	5	6	7	8	9
7	7	14	21	28	35	42	49	56	63

7단 곱셈구구에서는 곱하는 수가 1씩 커지면 곱은 7씩 커집니다.

• 9단 곱셈구구

$9 \times 2 = 18$
$9 \times 3 = 27$
$9 \times 4 = 36$

×	1	2	3	4	5	6	7	8	9
9	9	18	27	36	45	54	63	72	81

9단 곱셈구구에서는 곱하는 수가 1씩 커지면 곱은 9씩 커집니다.

[7×4의 크기 알아보기]

7×3
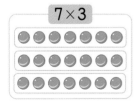

7×4

9×2
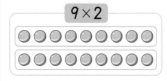

9×4
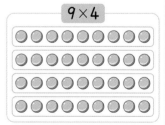

7×4는 7×3보다 7개씩 1묶음 더 많습니다.
7×4는 7×3보다 7만큼 더 큽니다.

9×4는 9×2보다 9개씩 2묶음 더 많습니다.
9×4는 9×2보다 18만큼 더 큽니다.

수해력을 확인해요

• 4씩 몇 묶음

4씩 $\boxed{1}$ 묶음

• 4단 곱셈구구

$4 \times \boxed{1} = \boxed{4}$

01~08 □ 안에 알맞은 수를 써넣으세요.

01
(1) 4씩 몇 묶음

4씩 $\boxed{}$ 묶음

(2) 4단 곱셈구구

$4 \times \boxed{} = \boxed{}$

02
(1) 4씩 몇 묶음

4씩 $\boxed{}$ 묶음

(2) 4단 곱셈구구

$4 \times \boxed{} = \boxed{}$

03
(1) 4씩 몇 묶음

4씩 $\boxed{}$ 묶음

(2) 4단 곱셈구구

$4 \times \boxed{} = \boxed{}$

04
(1) 4씩 몇 묶음

4씩 $\boxed{}$ 묶음

(2) 4단 곱셈구구

$4 \times \boxed{} = \boxed{}$

05
(1) 4씩 몇 묶음

4씩 $\boxed{}$ 묶음

(2) 4단 곱셈구구

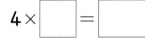

$4 \times \boxed{} = \boxed{}$

06
(1) 4씩 몇 묶음

4씩 $\boxed{}$ 묶음

(2) 4단 곱셈구구

$4 \times \boxed{} = \boxed{}$

07
(1) 4씩 몇 묶음

4씩 $\boxed{}$ 묶음

(2) 4단 곱셈구구

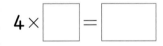

$4 \times \boxed{} = \boxed{}$

08
(1) 4씩 몇 묶음

4씩 $\boxed{}$ 묶음

(2) 4단 곱셈구구

$4 \times \boxed{} = \boxed{}$

• 8씩 몇 묶음

8씩 ☐1☐ 묶음

• 8단 곱셈구구

8 × ☐1☐ = ☐8☐

09 ~ 16 ☐ 안에 알맞은 수를 써넣으세요.

09

(1) 8씩 몇 묶음

8씩 ☐ 묶음

(2) 8단 곱셈구구

8 × ☐ = ☐

10

(1) 8씩 몇 묶음

8씩 ☐ 묶음

(2) 8단 곱셈구구

8 × ☐ = ☐

11

(1) 8씩 몇 묶음

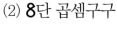

8씩 ☐ 묶음

(2) 8단 곱셈구구

8 × ☐ = ☐

12

(1) 8씩 몇 묶음

8씩 ☐ 묶음

(2) 8단 곱셈구구

8 × ☐ = ☐

13

(1) 8씩 몇 묶음

8씩 ☐ 묶음

(2) 8단 곱셈구구

8 × ☐ = ☐

14

(1) 8씩 몇 묶음

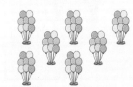

8씩 ☐ 묶음

(2) 8단 곱셈구구

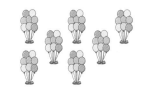

8 × ☐ = ☐

15

(1) 8씩 몇 묶음

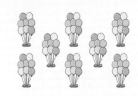

8씩 ☐ 묶음

(2) 8단 곱셈구구

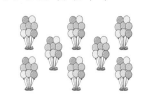

8 × ☐ = ☐

16

(1) 8씩 몇 묶음

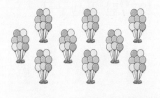

8씩 ☐ 묶음

(2) 8단 곱셈구구

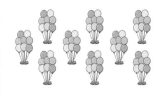

8 × ☐ = ☐

수해력을 확인해요

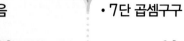

• 7씩 몇 묶음	• 7단 곱셈구구
7씩 **1** 묶음	7 × **1** = **7**

17~24 □ 안에 알맞은 수를 써넣으세요.

17

(1) 7씩 몇 묶음

7씩 □ 묶음

(2) 7단 곱셈구구

7 × □ = □

18

(1) 7씩 몇 묶음

7씩 □ 묶음

(2) 7단 곱셈구구

7 × □ = □

19

(1) 7씩 몇 묶음

7씩 □ 묶음

(2) 7단 곱셈구구

7 × □ = □

20

(1) 7씩 몇 묶음

7씩 □ 묶음

(2) 7단 곱셈구구

7 × □ = □

21

(1) 7씩 몇 묶음

7씩 □ 묶음

(2) 7단 곱셈구구

7 × □ = □

22

(1) 7씩 몇 묶음

7씩 □ 묶음

(2) 7단 곱셈구구

7 × □ = □

23

(1) 7씩 몇 묶음

7씩 □ 묶음

(2) 7단 곱셈구구

7 × □ = □

24

(1) 7씩 몇 묶음

7씩 □ 묶음

(2) 7단 곱셈구구

7 × □ = □

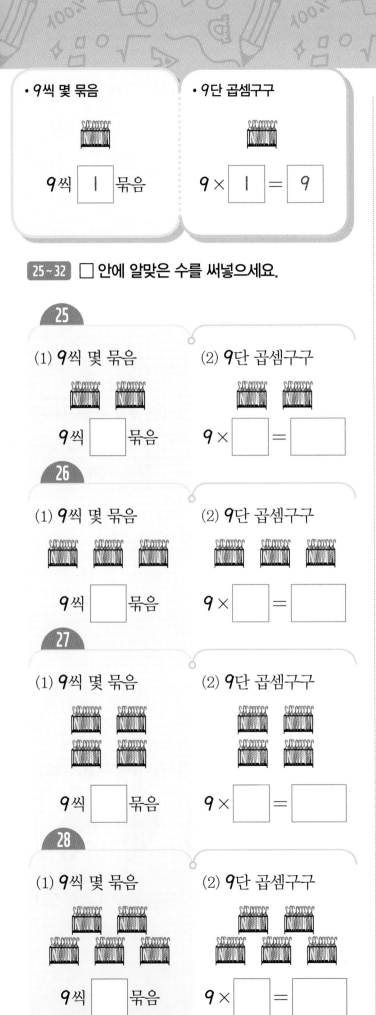

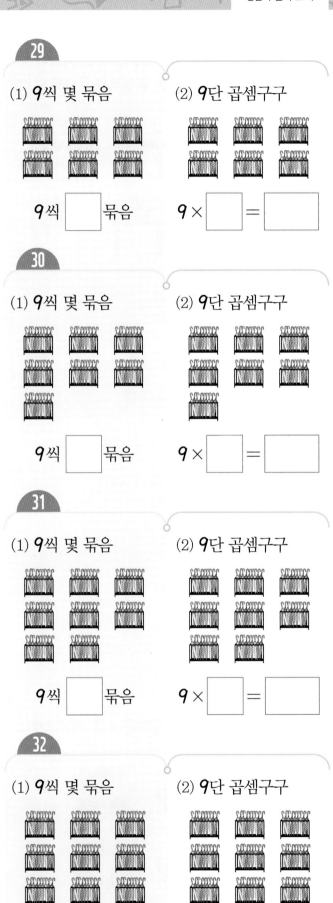

- 9씩 몇 묶음

9씩 ⬚1⬚ 묶음

- 9단 곱셈구구

9 × ⬚1⬚ = ⬚9⬚

25~32 ☐ 안에 알맞은 수를 써넣으세요.

25

(1) 9씩 몇 묶음

9씩 ⬚ 묶음

(2) 9단 곱셈구구

9 × ⬚ = ⬚

26

(1) 9씩 몇 묶음

9씩 ⬚ 묶음

(2) 9단 곱셈구구

9 × ⬚ = ⬚

27

(1) 9씩 몇 묶음

9씩 ⬚ 묶음

(2) 9단 곱셈구구

9 × ⬚ = ⬚

28

(1) 9씩 몇 묶음

9씩 ⬚ 묶음

(2) 9단 곱셈구구

9 × ⬚ = ⬚

29

(1) 9씩 몇 묶음

9씩 ⬚ 묶음

(2) 9단 곱셈구구

9 × ⬚ = ⬚

30

(1) 9씩 몇 묶음

9씩 ⬚ 묶음

(2) 9단 곱셈구구

9 × ⬚ = ⬚

31

(1) 9씩 몇 묶음

9씩 ⬚ 묶음

(2) 9단 곱셈구구

9 × ⬚ = ⬚

32

(1) 9씩 몇 묶음

9씩 ⬚ 묶음

(2) 9단 곱셈구구

9 × ⬚ = ⬚

수해력을 높여요

01
그림을 보고 □ 안에 알맞은 수를 써넣어 책상의 다리의 수를 구하는 곱셈식을 완성해 보세요.

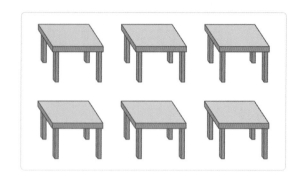

$4 \times$ ☐ $=$ ☐ (개)

02
□ 안에 알맞은 수를 써넣으세요.

(1) $4 \times 5 =$ ☐

(2) $4 \times$ ☐ $= 32$

(3) $4 \times$ ☐ $= 36$

03
그림을 보고 □ 안에 알맞은 수를 써넣으세요.

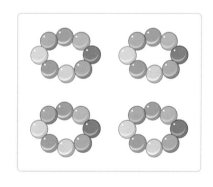

$8 \times$ ☐ $=$ ☐

04
8단 곱셈구구의 값을 찾아 선으로 이어 보세요.

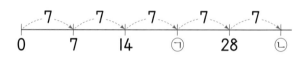

8×3 ·		· 56
8×7 ·		· 24
8×5 ·		· 40

05
그림을 보고 □ 안에 알맞은 수를 써넣으세요.

ㄱ $7 \times 3 =$ ☐

ㄴ $7 \times$ ☐ $=$ ☐

06
그림을 보고 □ 안에 알맞은 수를 써넣으세요.

(1) 포도알이 **9**개 달린 포도송이 스티커가
☐ 개 있습니다.

(2) 포도알의 수는 모두
$9 \times$ ☐ $=$ ☐ (개)입니다.

07 □ 안에 알맞은 수를 써넣으세요.

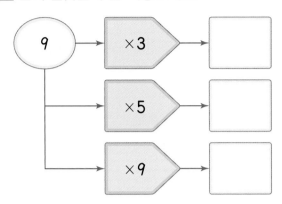

08 귤은 모두 몇 개인지 곱셈식으로 나타내려고 합니다. □ 안에 알맞은 수를 써넣으세요.

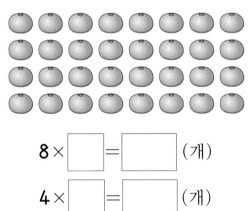

$$8 \times \boxed{} = \boxed{} \text{ (개)}$$

$$4 \times \boxed{} = \boxed{} \text{ (개)}$$

09 □ 안에 알맞은 수를 써넣으세요.

▲ × ▲ = 16	■ × ■ = 49
● × ● = 64	◆ × ◆ = 81

$$▲ \times ■ = \boxed{}$$

$$● \times ◆ = \boxed{}$$

10 실생활 활용 ∥∥∥∥∥∥∥∥∥∥∥∥∥∥∥∥∥∥∥∥∥∥∥∥

일주일은 7일입니다. 성호네 가족은 오늘부터 4주 후에 가족여행을 가기로 하였습니다. 성호네 가족은 오늘부터 며칠 후에 가족여행을 가는지 곱셈식으로 나타내 보세요.

$$\boxed{} \times \boxed{} = \boxed{} \text{ (일)}$$

11 교과 융합 ∥∥∥∥∥∥∥∥∥∥∥∥∥∥∥∥∥∥∥∥∥∥∥∥

미술시간에 그림과 같은 윷놀이 말판을 만들었습니다. 하얀색 동그라미는 모두 몇 개인지 곱셈식으로 나타내 보세요.

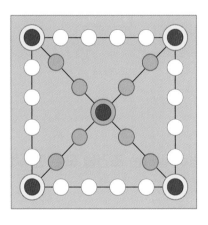

$$\boxed{} \times \boxed{} = \boxed{} \text{ (개)}$$

수해력을 완성해요

대표 응용 1

조건을 만족하는 수 구하기

세 사람이 말하는 조건을 모두 만족하는 수를 구해 보세요.

> 지율: 4단 곱셈구구의 값입니다.
> 세영: 8단 곱셈구구에도 있습니다.
> 재희: 9 × 3보다 큽니다.

해결하기

[1단계] 4단 곱셈구구의 값은

4, 8, ☐, 16, ☐, 24, ☐,

☐, ☐ 입니다.

[2단계] 4단 곱셈구구의 값 중 8단 곱셈구구에

있는 수는 8, ☐, ☐, ☐ 입니다.

[3단계] 9 × 3 = ☐ 이므로 조건을 모두 만

족하는 수는 ☐ 입니다.

1-1

세 사람이 말하는 조건을 모두 만족하는 수를 구해 보세요.

> 초록: 7단 곱셈구구의 값입니다.
> 다경: 4 × 6보다 큽니다.
> 희오: 33보다 작습니다.

( )

1-2

세 사람이 말하는 조건을 모두 만족하는 수를 구해 보세요.

> 주미: 9단 곱셈구구의 값입니다.
> 지우: 5 × 8보다 큽니다.
> 유경: 7 × 7보다 작습니다.

( )

1-3

조건을 모두 만족하는 수를 구해 보세요.

> ㉠ 8단 곱셈구구의 값입니다.
> ㉡ 8 × 7보다 작습니다.
> ㉢ 같은 수를 두 번 곱했을 때의 값입니다.

( )

1-4

조건을 모두 만족하는 수를 구해 보세요.

> ㉠ 6단 곱셈구구와 9단 곱셈구구에 있는 수입니다.
> ㉡ 5단에서 같은 수를 두 번 곱한 곱셈구구의 값보다 큽니다.
> ㉢ 7단에서 같은 수를 두 번 곱한 곱셈구구의 값보다 작습니다.

( )

대표 응용 2 곱셈구구로 문제 해결하기

그림에서 노란색으로 색칠한 부분의 수는 왼쪽과 오른쪽 또는 위와 아래의 수를 곱한 값으로 ㉠×㉡=32와 같은 뜻입니다. ㉠이 4일 때, ㉠+㉡+㉢+㉣은 얼마인지 구해 보세요

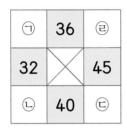

해결하기

1단계 ㉠이 4일 때 4×㉡=32이므로 4단 곱셈구구에서 32가 되는 곱을 찾으면 ㉡은 [   ]입니다.

2단계 ㉡×㉢=40, ㉢×㉣=45, ㉠×㉣=36이므로 **1단계**와 같은 방법으로 구하면 ㉢=[   ], ㉣=[   ]입니다.

3단계 ㉠+㉡+㉢+㉣=[   ]

2-1

그림에서 가운데 있는 수는 왼쪽과 오른쪽 또는 위와 아래에 있는 수를 곱한 값입니다. ㉡이 7일 때, ㉠+㉡+㉢+㉣은 얼마인지 구해 보세요

	15	
㉠	15	㉣
21	✕	35
㉡	49	㉢

(   )

대표 응용 3 예상하고 확인하기

한 상자에 7개씩 포장한 초콜릿 아이스크림과 한 상자에 9개씩 포장한 딸기 아이스크림이 있습니다. 전체 아이스크림의 수는 87개이고 초콜릿 아이스크림은 6상자가 있을 때, 딸기 아이스크림은 모두 몇 상자인지 구해 보세요.

해결하기

1단계 초콜릿 아이스크림의 수는
$7 \times$ [   ] $=$ [   ] (개)입니다.

2단계 (딸기 아이스크림의 수)=(전체 아이스크림의 수)−(초콜릿 아이스크림의 수)이므로
$87 -$ [   ] $=$ [   ] (개)입니다.

3단계 $9 \times$ [   ] $=$ [   ] 이므로 딸기 아이스크림은 모두 [   ] 상자입니다.

3-1

한 접시에 4개씩 7접시에 담은 찹쌀떡과 한 접시에 8개씩 담은 호박떡이 있습니다. 전체 떡의 개수는 92개일 때, 호박떡은 모두 몇 접시인지 구해 보세요.

(   )

개념 1 1단 곱셈구구와 0의 곱을 알아볼까요

알고 있어요!

• 빵의 수 알아보기

| 1씩 5묶음 |

| 1의 5배 |

덧셈식
1+1+1+1+1=5

곱셈식
1×5=5

어떤 수와 0의 곱은
항상 0이에요.

알고 싶어요!

• 1단 곱셈구구

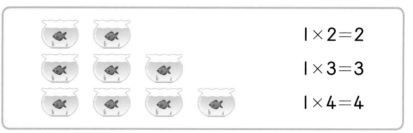

$1 \times 2 = 2$

$1 \times 3 = 3$

$1 \times 4 = 4$

×	1	2	3	4	5	6	7	8	9
1	1	2	3	4	5	6	7	8	9

1단 곱셈구구에서 곱하는 수와 곱은 서로 같습니다.

• 0의 곱

$0 \times 2 = 0$

$0 \times 3 = 0$

$0 \times 4 = 0$

×	1	2	3	4	5	6	7	8	9
0	0	0	0	0	0	0	0	0	0

어떤 수에 0을 곱하면 0이 됩니다.

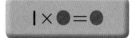 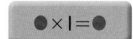 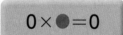 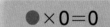

[1단 곱셈구구]

1×1=1	1×6=6
1×2=2	1×7=7
1×3=3	1×8=8
1×4=4	1×9=9
1×5=5	

[어떤 수와 0의 곱]

5점짜리 문제	점수
2문제 맞혔을 때 점수	5×2=10
1문제 맞혔을 때 점수	5×1=5
한 문제도 못 맞혔을 때 점수	5×0=0

개념 2 곱셈구구를 활용하여 문제를 해결해 볼까요

알고 있어요!

• 붕어빵의 수 알아보기

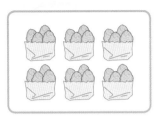

봉지에 담긴 붕어빵의 수	접시에 담긴 붕어빵의 수
4씩 6묶음	2씩 4묶음
↓	↓
$4 \times 6 = 24$	$2 \times 4 = 8$

(붕어빵의 수)
= (봉지에 담긴 붕어빵의 수)
  + (접시에 담긴 붕어빵의 수)
= 24 + 8 = 32 (개)

알고 싶어요!

• 곱셈을 이용하여 놀이기구에 탄 사람 수 구하기

▶ 롤러코스터에는 8명씩 1대에 타고 있으므로 $8 \times 1 = 8$(명)입니다.

▶ 꼬마 바이킹에는 6명씩 4대에 타고 있으므로 $6 \times 4 = 24$(명)입니다.

▶ 범퍼카에는 2명씩 5대에 타고 있으므로 $2 \times 5 = 10$(명)입니다.

▶ 대관람차에는 4명씩 8대에 타고 있으므로 $4 \times 8 = 32$(명)입니다.

▶ 회전목마 4대는 수리 중이라 아무도 타고 있지 않으므로
  $0 \times 4 = 0$(명)입니다.

몇 개씩 몇 묶음인지 확인하기 적절한 곱셈구구를 찾아 문제 해결하기

[곱셈구구를 이용한 문제 해결 방법]

① 문제에서 구하려고 하는 것이 무엇인지 살펴봅니다.

② 주어진 조건과 정보를 파악합니다.

③ 몇 개씩 몇 묶음인지 확인합니다.

④ 적절한 곱셈구구를 찾아 문제를 해결합니다.

수해력을 확인해요

정답과 풀이 **29**쪽

• I씩 몇 묶음	• I단 곱셈구구
I씩 **1** 묶음	I × **1** = **1**

 01~08 □ 안에 알맞은 수를 써넣으세요.

01

(1) I씩 몇 묶음

I씩 □ 묶음

(2) I단 곱셈구구

I × □ = □

02

(1) I씩 몇 묶음

I씩 □ 묶음

(2) I단 곱셈구구

I × □ = □

03

(1) I씩 몇 묶음

I씩 □ 묶음

(2) I단 곱셈구구

I × □ = □

04

(1) I씩 몇 묶음

I씩 □ 묶음

(2) I단 곱셈구구

I × □ = □

05

(1) 0씩 몇 묶음

0씩 □ 묶음

(2) 0의 곱

0 × □ = □

06

(1) 0씩 몇 묶음

0씩 □ 묶음

(2) 0의 곱

0 × □ = □

07

(1) 0씩 몇 묶음

0씩 □ 묶음

(2) 0의 곱

0 × □ = □

08

(1) 0씩 몇 묶음

0씩 □ 묶음

(2) 0의 곱

0 × □ = □

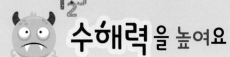

수해력 을 높여요

01 그림을 보고 □ 안에 알맞은 수를 써넣으세요.

$$1 \times \boxed{} = \boxed{}$$

02 1단 곱셈구구의 값을 찾아 선으로 이어 보세요.

1×3 ·   · 1

1×7 ·   · 7

1×1 ·   · 3

03 접시에 담겨 있는 과자는 모두 몇 개인지 그림을 보고 □ 안에 알맞은 수를 써넣으세요.

(1) 접시는 □ 개입니다.

(2) 한 개의 접시에 담겨져 있는 과자는 □ 개입니다.

(3) 6개의 접시에 담겨져 있는 과자는 □ 개입니다.

(4) 곱셈식으로 나타내면

$$0 \times \boxed{} = \boxed{}$$ 입니다.

04 □ 안에 알맞은 수를 써넣으세요.

(1) $5 \times 0 = \boxed{}$ (2) $0 \times 5 = \boxed{}$

(3) $7 \times \boxed{} = 0$ (4) $\boxed{} \times 8 = 0$

05 ㉠+㉡의 값을 구해 보세요.

$$5 \times ㉠ = 0 \qquad 9 \times ㉡ = 9$$

(   )

06 □ 안에 알맞은 수를 써넣으세요.

▲+▲+▲+▲+▲+▲=0
●×6=6
◆×◆=25

$$▲ \times ● = \boxed{}$$

$$▲ \times ◆ = \boxed{}$$

$$● \times ◆ = \boxed{}$$

07 □ 안에 +, −, × 중 알맞은 것을 써넣으세요.

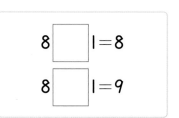

8 □ 1 = 8

8 □ 1 = 9

08 나무 젓가락으로 아래 그림과 같이 사각형 모양 5개를 만들려고 합니다. 필요한 나무 젓가락은 모두 몇 개인지 □ 안에 알맞은 수를 써넣으세요.

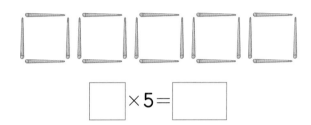

$$\boxed{} \times 5 = \boxed{}$$

09 지유의 나이는 9살입니다. 지유 할아버지의 나이는 지유 나이의 9배이고 지유 할머니의 나이는 지유 나이의 8배보다 5살 많습니다. 지유 할아버지와 지유 할머니의 나이는 몇 살 차이인지 구해 보세요.

( )

10 주사위를 20번 던졌더니 다음과 같이 나왔습니다. 20번을 던져 나온 주사위 눈의 합은 얼마인지 구해 보세요.

| 3번 | 4번 | 3번 | 2번 | 3번 | 5번 |

( )

11 연필의 길이는 7 cm입니다. 연필로 책상의 가로의 길이를 재었더니 아래 그림과 같았다면 책상의 가로의 길이는 몇 cm인지 구해 보세요.

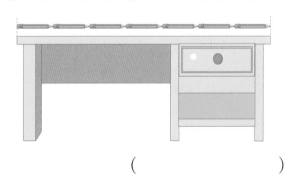

( )

12 실생활 활용

어느 빌딩의 창문 수를 곱셈식으로 나타내려고 합니다. □ 안에 알맞은 수를 써넣으세요.

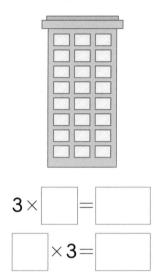

$$3 \times \boxed{} = \boxed{}$$

$$\boxed{} \times 3 = \boxed{}$$

13 교과 융합

음악 시간에 악기 합주를 하려고 합니다. 우리 반은 한 모둠에 4명인 모둠이 3모둠 있고 한 모둠에 5명인 모둠이 2모둠 있습니다. 한 모둠에 4명인 모둠은 한 사람당 한 개씩 탬버린을 나누어 주고 한 모둠에 5명인 모둠에는 한 사람당 한 개씩 실로폰을 나누어 주려고 합니다. 악기 합주를 위해 필요한 탬버린과 실로폰은 모두 몇 개인지 구해 보세요.

( )

수해력을 완성해요

대표 응용
1

조건에 알맞은 수 구하기

다음은 3월 달력입니다. 금요일에 있는 3단 곱셈구구의 값을 찾아 모두 합하면 얼마가 되는지 구해 보세요.

3월						
일	월	화	수	목	금	토
			1	2	3	4
5	6	7	8	9	10	11
12	13	14	15	16	17	18
19	20	21	22	23	24	25
26	27	28	29	30	31	

해결하기

1단계 금요일인 날은 ☐, 10, 17, ☐, 31일입니다.

2단계 3단 곱셈구구의 값이 되는 날은 ☐ 일과 ☐ 일입니다.

3단계 따라서 3단 곱셈구구의 값을 찾아 모두 합하면 ☐ 입니다.

1-1

다음은 7월 달력입니다. 7단 곱셈구구의 값이 모두 있는 요일은 무슨 요일인가요?

7월						
일	월	화	수	목	금	토
						1
2	3	4	5	6	7	8
9	10	11	12	13	14	15
16	17	18	19	20	21	22
23	24	25	26	27	28	29
30	31					

( )

대표 응용
2

예상하고 확인하기

그림과 같이 다리가 3개인 의자와 다리가 4개인 의자가 있습니다. 전체 의자의 다리 수의 합은 50개이고, 다리가 3개인 의자의 다리 수의 합이 18개일 때 의자는 모두 몇 개인지 구해 보세요.

해결하기

1단계 다리가 3개인 의자의 다리 수를 구하는 곱셈식은 $3 \times$ ☐ $= 18$입니다.

2단계 다리가 4개인 의자의 다리 수의 합은 $50 - 18 =$ ☐ 이므로 다리가 4개인 의자의 다리 수를 구하는 곱셈식은 $4 \times$ ☐ $=$ ☐ 입니다.

3단계 따라서 의자는 모두 ☐ $+$ ☐ $=$ ☐ (개)입니다.

2-1

날개가 4개인 드론과 날개가 6개인 드론이 있습니다. 드론의 전체 날개 수의 합은 46개이고, 날개가 4개인 드론의 날개 수의 합이 16개일 때 드론은 모두 몇 대인지 구해 보세요.

( )

4. 곱셈표 만들기와 규칙 찾기

개념 1 곱셈표를 만들어 볼까요

알고 있어요!

• 덧셈식과 곱셈식

덧셈식

$2+2+2+2+2=10$

+2 +2 +2 +2

곱셈식

$2\times1=2$ ⎫
$2\times2=4$ ⎬ +2
$2\times3=6$ ⎬ +2
$2\times4=8$ ⎬ +2
$2\times5=10$ ⎭ +2

알고 싶어요!

×	1	2	3	4	5	6	7	8	9
1	1	2	3	4	5	6	7	8	9
2	2	4	6	8	10	12	14	16	18
3	3	6	9	12	15	18	21	24	27
4	4	8	12	16	20	24	28	32	36
5	5	10	15	20	25	30	35	40	45
6	6	12	18	24	30	36	42	48	54
7	7	14	21	28	35	42	49	56	63
8	8	16	24	32	40	48	56	64	72
9	9	18	27	36	45	54	63	72	81

곱셈표는 가로줄과 세로줄이 만나는 칸에 두 수의 곱을 써넣은 표입니다.

• 2단 곱셈구구에서는 곱이 2씩 커집니다.
• 7단 곱셈구구에서는 곱이 7씩 커집니다.
• 곱이 짝수로 커지는 곱셈구구는 2단, 4단, 6단, 8단입니다.
• 곱이 같은 곱셈구구를 여러 가지 찾을 수 있습니다.
  $2\times6=12$, $3\times4=12$, $4\times3=12$, $6\times2=12$

★ × ● = ♥   ● × ★ =

[순서를 바꾸어 곱한 두 수를 알아보기]

$4\times6=24$	$6\times4=24$
4개씩 6묶음 ➡ $4\times6=24$	6개씩 4묶음 ➡ $6\times4=24$

곱셈에서 곱하는 두 수의 위치를 서로 바꾸어 곱해도 곱은 같습니다.

개념 2 곱셈표에서 규칙을 찾아볼까요

알고 있어요!

알고 싶어요!

• 두 수를 바꾸어 곱하기

$$2 \times 6 = 12$$
$$6 \times 2 = 12$$

$$3 \times 5 = 15$$
$$5 \times 3 = 15$$

$$4 \times 7 = 28$$
$$7 \times 4 = 28$$

$$5 \times 9 = 45$$
$$9 \times 5 = 45$$

곱하는 두 수의 위치를 서로 바꾸어 곱해도 곱이 같습니다.

×	1	2	3	4	5	6	7	8	9
1	1	2	3	4	5	6	7	8	9
2	2	4	6	8	10	12	14	16	18
3	3	6	9	12	15	18	21	24	27
4	4	8	12	16	20	24	28	32	36
5	5	10	15	20	25	30	35	40	45
6	6	12	18	24	30	36	42	48	54
7	7	14	21	28	35	42	49	56	63
8	8	16	24	32	40	48	56	64	72
9	9	18	27	36	45	54	63	72	81

• ▨으로 칠해진 수는 오른쪽으로 갈수록 **3**씩 커지는 규칙이 있습니다.
• ▨으로 칠해진 수는 아래로 내려갈수록 **8**씩 커지는 규칙이 있습니다.
• **5**단 곱셈구구는 일의 자리에 **5**와 **0**이 반복됩니다.
• **2**단, **4**단, **6**단, **8**단 곱셈구구에 있는 수는 모두 짝수입니다.
• **1**단, **3**단, **5**단, **7**단, **9**단 곱셈구구에 있는 수는 홀수와 짝수가 반복됩니다.
• 파란색 점선을 따라 접었을 때 만나는 수는 같습니다.
• 파란색 점선 위의 수들은 $1 \times 1 = 1$, $2 \times 2 = 4$, $3 \times 3 = 9$, $4 \times 4 = 16$, …과 같이 같은 수를 두 번 곱한 수입니다.

● 단의 수는 오른쪽으로 갈수록, 아래로 갈수록 ●씩 커지는 규칙이 있습니다.

[새로운 규칙 찾기]

• ↘ 방향으로 갈수록 일정한 규칙으로 수가 커집니다.

예 1, 4, 9, 16, 25, 36, 49, 64, 81
  +3 +5 +7 +9 +11 +13 +15 +17
➡ 3, 5, 7, 9, 11, 13, 15, 17씩 커집니다.

예 2, 6, 12, 20, 30, 42, 56, 72
  +4 +6 +8 +10 +12 +14 +16
➡ 4, 6, 8, 10, 12, 14, 16씩 커집니다.

수해력을 확인해요

- 곱셈표 완성하기

×	2	3
4	8	12
5	10	15

01~08 곱셈표를 완성해 보세요.

01

×	5	6
3		
4		

02

×	2	3	4
5			
6			
7			

03

×	6	7	8	9
6				
7				
8				

04

×	4	5	6	7
2				
3				
4				
5				

05

×	3	4	5	6	7	8
2	6				14	
3		12				
4			20	24		
5	15					40

06

×	4	5	6	7	8	9
3						27
4		20				
5				35		
6	24					

07

×	2	3	4	5	6	7	8	9
3					18			
4		12					32	

08

×	6	7	8
3			24
4			
5		35	
6			
7	42		

수해력을 높여요

01~04 곱셈표를 보고 물음에 답해 보세요.

×	1	2	3	4	5	6	7	8	9
1	1	2	3	4	5	6	7	8	9
2	2	4	6	8	10	12	14	16	18
3	3	6	9	12	15	18	21	24	27
4	4	8	12	16	20	24	28	32	36
5	5	10	15	20	25	30	35	40	45
6	6	12	18	24	30	36	42	48	54
7	7	14	21	28	35	42	49	56	63
8	8	16	24	32	40	48	56	64	72
9	9	18	27	36	45	54	63	72	81

01 곱셈표를 보고 □ 안에 알맞은 수를 써넣으세요.

(1) 4단 곱셈구구는 곱이 [ ]씩 커집니다.

(2) 8단 곱셈구구는 곱이 [ ]씩 커집니다.

02 곱셈표에서 7 × 6과 곱이 같은 곱셈구구는 무엇인지 찾아 써 보세요.

( )

03 곱이 36인 곳을 모두 찾아 색칠해 보세요.

04 곱셈표에서 곱이 16인 곱셈구구를 모두 찾아 써 보세요.

( )

05 빈칸에 알맞은 수를 써넣으세요.

×	0	1	2	3	4	5
0						
1						

06 빈칸에 알맞은 수를 써넣으세요.

×	1	2	3
1			
2			
3			

07 곱셈표를 완성하고 곱이 24보다 작은 칸에 색칠해 보세요.

×	2	3	4	5	6	7
4				20	24	
5	10				30	
6	12			30		

08 곱셈표에서 점선을 따라 접었을 때 ㉠과 만나는 칸에 들어갈 수를 알맞은 곳에 써넣으세요.

×	3	4	5	6	7	8
3						
4					㉠	
5						
6						
7						
8						

09~10 곱셈표를 보고 물음에 답해 보세요.

×	1	2	3	4	5
1	1	2	3	4	5
2	2	4	6	8	10
3	3	6	9	12	15
4	4	8	12	16	20
5	5	10	15	20	25

09 ▨으로 칠해진 곳과 규칙이 같은 곳을 찾아 색칠해 보세요.

10 ▨으로 칠해진 수의 규칙을 찾아 써 보세요.

( )

11~12 곱셈표를 보고 물음에 답하세요.

×	4	5	6	7	8
4	16	20	24	28	32
5	20	25	30	35	40
6	24	30	36	42	
7	28	35	42	49	56
8	32	40		56	64

11 빈칸에 공통으로 들어갈 수를 쓰세요.

( )

12 □ 안에 알맞은 수를 써 넣으세요.

▨으로 색칠한 부분은 □단 곱셈구구이고, 일의 자리에 □과/와 □가/이 반복됩니다.

13~15 곱셈표를 보고 물음에 답해 보세요.

×	2	4	6	8
2	4		12	16
4	8			
6		24	36	
8	16			64

13 위 곱셈표의 빈칸에 알맞은 수를 써넣으세요.

14 초록색 점선 위에 놓인 수들의 규칙을 써 보세요.

( )

15 곱셈표에서 찾을 수 있는 규칙을 잘못 설명한 사람의 이름을 써 보세요.

재유: ▨으로 칠한 수는 아래로 갈수록 12씩 커지는 규칙입니다.
강이: 가로줄에 있는 수들은 반드시 세로줄에도 똑같이 있습니다.
세연: 곱셈표의 수들은 짝수와 홀수가 반복됩니다.

( )

대표 응용 1	곱셈표 완성하기(1)

㉠＋㉡의 값은 얼마인지 구해 보세요.

×	㉠	6
4	12	▲
㉡	▲	

해결하기

1단계 4×㉠=12이므로 ㉠은 ☐ 입니다.

2단계 4×6=☐ 이므로 ▲=☐ 입니다.

3단계 ㉠×㉡=▲이므로 ㉡=☐ 입니다.

따라서 ㉠＋㉡=☐＋☐=☐ 입니다.

1-1

㉠＋㉡의 값은 얼마인지 구해 보세요.

×	3	㉠
㉡		㉠
2	㉠	12

(   )

대표 응용 2	곱셈표 완성하기(2)

㉠＋㉡의 값은 얼마인지 구해 보세요.

×	6	7	●
4	24		㉡
5		㉠	40

해결하기

1단계 ㉠은 5×7=☐ 입니다.

2단계 5×●=40이므로 ●은 ☐ 입니다.

㉡은 4×●=☐ 입니다.

3단계 따라서 ㉠＋㉡=☐＋☐

=☐ 입니다.

2-1

㉠＋㉡의 값은 얼마인지 구해 보세요.

×	2	3	●
㉠		12	24
7			㉡

(   )

곱셈구구 기차 만들기!

활동 1 기차 맨 앞 칸의 값을 만드는 곱셈구구를 보기 에서 모두 찾아 알맞은 칸에 써 보세요.

보기

9 × 2	4 × 3	8 × 2	9 × 3
2 × 8	9 × 4	3 × 4	2 × 9
4 × 9	3 × 6	6 × 3	6 × 2
2 × 6	6 × 6	3 × 9	4 × 4

곱셈구구 사다리 타기!

활동 2 꽃밭에서 동물들과 곤충들이 숨바꼭질을 하고 있어요. 사다리 타기를 하여 ◯ 안에 곱셈구구의 값을 써넣고, 곱셈구구의 값에 알맞은 말을 ◯에 써넣으면 제일 먼저 술래가 된 친구를 찾을 수 있지요. 술래를 찾아 ◯표 하세요.

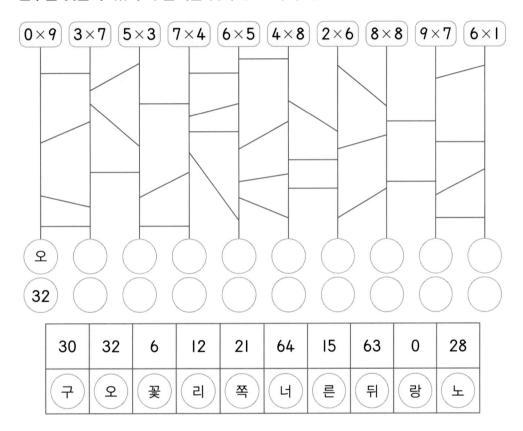

| 0×9 | 3×7 | 5×3 | 7×4 | 6×5 | 4×8 | 2×6 | 8×8 | 9×7 | 6×1 |

| 오 | | | | | | | | | |
| 32 | | | | | | | | | |

30	32	6	12	21	64	15	63	0	28
구	오	꽃	리	쪽	너	른	뒤	랑	노

MEMO

수학
꽉 잡아

초등 **'국가대표'** 만점왕
이제 **수학**도 꽉 잡아요!

EBS 선생님 **무료강의 제공**

① 연산	② 기본	③ 응용	④ 심화
예비 초등~6학년	초등1~6학년	초등1~6학년	초등4~6학년

표지 이야기

와그작! 한 입 문 아이스크림.
아이스크림은 얼마나 남았을까요?
- 수 · 연산 2단계 3단원 '덧셈과 뺄셈'

EBS

📱 인터넷·모바일·TV
무료 강의 제공

완벽 개념
**이미 배운 개념과
새로 배울 개념을
비교해서 수학을 쉽게!**

∧

강화 단원
**개념부터 응용까지
학생들이 어려워하는
단원을 집중적으로!**

∧

영역 특화
**수·연산, 도형·측정
각 영역 특성에 맞는
학습으로 1년 완성!**

초등 수·연산

다음 학년 수학이 쉬워지는

정답과 풀이

초등 수해력

2 단계

| 초등 2학년 권장 |

초등 수·연산

다음 학년 수학이 쉬워지는

초등 수해력

2 단계

| 초등 2학년 권장 |

정답과 풀이

세 자리 수

1. 백, 몇백

수해력을 확인해요

01 3, 30, 300, 300, 삼백   03 6, 60, 600, 600, 육백
02 5, 50, 500, 500, 오백   04 7, 70, 700, 700, 칠백
                           05 8, 80, 800, 800, 팔백

수해력을 높여요

01 100   02 (1) 10 (2) 99
03 (1) 99, 100 (2) 90, 100
04 100, 백   05 20
06 ㉢   07 7, 700, 칠백
08 800   09

10 ㉠, ㉣   11 700원
12 수해력

01 10이 10개인 수는 100입니다. 곶감이 한 줄에 10개씩 10줄이므로 곶감은 모두 100개입니다.

02 (1) 90보다 10만큼 더 큰 수는 100입니다.
   (2) 99보다 1만큼 더 큰 수는 100입니다.

03 **해설 나침반**
   수직선에서 한 칸이 얼마를 나타내는지 알아봅니다.
   (1) 수직선이 1씩 커지므로 95, 96, 97, 98, 99, 100입니다. 98보다 1만큼 더 큰 수는 99이고, 99보다 1만큼 더 큰 수는 100입니다.
   (2) 수직선이 10씩 커지므로 50, 60, 70, 80, 90, 100입니다. 80보다 10만큼 더 큰 수는 90이고, 90보다 10만큼 더 큰 수는 100입니다.

04 10원짜리가 10개이므로 모두 100원입니다. 따라서 그림이 나타내는 수를 쓰면 100이고 100은 백이라고 읽습니다.

05 수직선은 20씩 커집니다.
   따라서 100은 80보다 20 더 큰 수입니다.

06 ㉠ 100은 90보다 10 큰 수입니다.
   ㉡ 100은 10이 10개인 수입니다.
   ㉢ 99보다 1 큰 수는 100입니다.
   따라서 100을 나타내는 수는 ㉢입니다.

07 100이 7개이면 700이라 쓰고, 칠백이라고 읽습니다.

08 100이 8개이면 800입니다. 바둑돌이 100개씩 8통 있으므로 바둑돌은 모두 800개입니다.

09 100이 7개인 수는 700입니다.
   98보다 2 큰 수는 100입니다.
   300은 삼백이라고 읽습니다.

10 ㉠ 800은 100이 8개인 수입니다.
   ㉡ 100은 10이 10개인 수입니다.
   ㉢ 100이 9개이면 900입니다.
   ㉣ 400은 10이 40개인 수입니다.
   따라서 바르게 설명한 것은 ㉠, ㉣입니다.

11 일주일은 7일입니다. 하루에 100원씩 7일 동안 모으면 100이 7개인 수와 같으므로 700원입니다.

12 표를 채우면 아래와 같습니다.

90보다 10 큰 수	100	ㅅ
100이 7개인 수	700	ㅜ
10이 30개인 수	300	ㅎ
1이 200개인 수	200	ㅐ
십 모형이 80개인 수	800	ㄹ
육백	600	ㅕ
(100)(100)(100)(100)	400	ㄱ

😈 수해력을 완성해요

대표 응용 1 10, 10 / 10, 1 / 1

1-1 3개　　　　　　　**1-2** 5개

대표 응용 2 500 / 500, 50 / 50

2-1 80

1-1 100은 10이 10개인 수이므로 장난감 100개를 한 상자에 10개씩 담으려면 상자는 10개가 필요합니다. 상자가 7개 있으므로 더 필요한 상자는 10−7=3(개)입니다.

1-2 100은 10이 10개인 수이므로 꽃 100송이를 한 개의 꽃병에 10송이씩 꽂으려면 꽃병은 10개가 필요합니다. 꽃병이 5개 있으므로 더 필요한 꽃병은 10−5=5(개)입니다.

2-1 700과 900 사이의 수 중 백 모형으로만 이루어진 수는 800입니다. 800은 십 모형이 80개인 수입니다.

---

2. 세 자리 수와 자릿값

😈 수해력을 확인해요

01 7, 4, 0, 740, 칠백사십
02 3, 0, 3, 303, 삼백삼
03 4, 5, 1, 451, 사백오십일
04 1, 1, 2, 112, 백십이
05 9, 2, 0, 920, 구백이십
06 5, 5, 2, 552, 오백오십이
07 8, 9, 9, 899, 팔백구십구

08 274, 이백칠십사
09 380, 삼백팔십
10 533, 오백삼십삼
11 669, 육백육십구
12 307, 삼백칠
13 986, 구백팔십육

14 70, 7, 70, 7
15 4, 9, 800, 9, 800, 9
16 309, 0, 9, 309, 0, 9
17 888, 8, 800, 8, 888, 800, 8
18 607, 0, 600, 7, 607, 600, 7

😈 수해력을 높여요

01 788, 칠백팔십팔　**02**

03 오백육십이, 650, 사백구
04 111, 102에 ○표　**05** 289
06 507원　　　　　　**07** 주호
08 백, 800, 십, 60, 일, 1　**09** 900, 60, 5
10 175, 973에 ○표　**11** 20, 500
12

（903）（196）（879）

13 527　　　　　　　**14** 16
15 10개

---

01 100이 7개, 10이 8개, 1이 8개인 수는 788이라 쓰고 칠백팔십팔이라고 읽습니다.

02 809는 팔백구라고 읽습니다. 819는 팔백십구라고 읽습니다. 890은 팔백구십이라고 읽습니다.

03 숫자가 0일 때 숫자와 자리 모두 읽지 않습니다.

04 세 자리 수가 되어야 하므로 백 모형은 반드시 사용해야 합니다. 백 모형 1개, 십 모형 1개, 일 모형 1개로 만들 수 있는 세 자리 수는 111이고, 백 모형 1개, 일 모형 2개로 만들 수 있는 세 자리 수는 102이므로 만들 수 있는 세 자리 수는 111과 102입니다.

05 10이 28개이면 280이고, 1이 9개이면 9입니다. 따라서 10이 28개이고 1이 9개인 수는 289입니다.

06 100원짜리가 5개, 1원짜리가 7개이므로 507원입니다.

07 새봄: 607은 육백칠이라고 읽습니다.
산이: 650은 육백오십이라고 읽습니다.
따라서 바르게 읽은 친구는 주호입니다.

08 861에서 8은 백의 자리 숫자이고 800을 나타냅니다. 6은 십의 자리 숫자이고 60을 나타냅니다. 1은 일의 자리 숫자이고 1을 나타냅니다.

09 $965 = 900 + 60 + 5$

10 107에서 7은 일의 자리 숫자이고 7을 나타냅니다.
175에서 7은 십의 자리 숫자이고 70을 나타냅니다.
467에서 7은 일의 자리 숫자이고 7을 나타냅니다.
973에서 7은 십의 자리 숫자이고 70을 나타냅니다.
703에서 7은 백의 자리 숫자이고 700을 나타냅니다.
따라서 숫자 7이 70을 나타내는 수는 175, 973입니다.

11 423에서 2는 십의 자리 숫자이므로 20을 나타냅니다.
509에서 5는 백의 자리 숫자이므로 500을 나타냅니다.

12 903에서 9는 백의 자리 숫자이므로 900을 나타냅니다.
196에서 9는 십의 자리 숫자이므로 90을 나타냅니다.
879에서 9는 일의 자리 숫자이므로 9를 나타냅니다.
따라서 숫자 9가 나타내는 수가 가장 작은 수는 879입니다.

13 수 카드 5, 7, 2 중 2를 십의 자리에 놓고 남은 카드를 작은 수부터 백의 자리, 일의 자리에 놓아야 합니다. 따라서 백의 자리에는 5, 일의 자리에는 7을 놓아 527이 됩니다.

14 100원짜리가 3개이므로 300원이고 1원짜리가 3개이므로 3원입니다. 463원을 만들어야 하므로 10원짜리는 16개가 필요합니다.

15 200부터 299까지의 수는 백의 자리 숫자가 2이므로 거울수가 되려면 일의 자리 숫자가 2이어야 합니다. 2□2가 거울수이므로 □ 안에는 0, 1, 2, 3, 4, 5, 6, 7, 8, 9가 올 수 있습니다.
따라서 200부터 299까지의 수 중 거울수는 모두 10개입니다.

😈 **수해력을 완성해요**   23쪽

대표 응용 1 100, 100 / 500 / 5, 5
1-1 29

....

대표 응용 2 5, 3, 1, 5, 3, 1 / 1, 3, 5 / 531, 135
2-1 974, 479

1-1 $392 = 300 + 90 + 2$입니다. 100원짜리가 1개이므로 300원이 되려면 200원이 더 있어야 하므로 10원짜리는 20개가 필요합니다. 또한 90원이 되려면 10원짜리는 9개가 더 필요하여 10원짜리는 $20 + 9 = 29$(개)가 필요합니다.

2-1 9>7>4이므로 가장 큰 세 자리 수는 큰 수부터 백의 자리, 십의 자리, 일의 자리에 놓아 **974**가 됩니다. 가장 작은 세 자리 수는 작은 수부터 차례대로 놓아 **479**가 됩니다.

3. 뛰어 세기와 수의 크기 비교

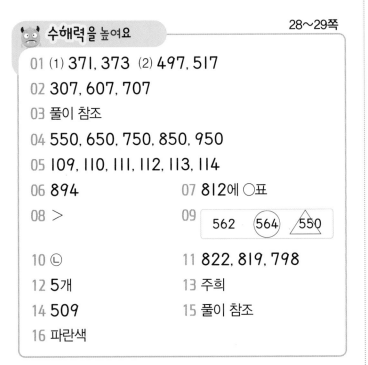

🦀 수해력을 확인해요
26~27쪽

01 (1) 378, 478, 578   **04** (1) 992, 792, 692
   (2) 429, 529, 829   (2) 407, 207, 107
02 (1) 635, 655, 665   **05** (1) 777, 767, 737
   (2) 177, 197, 207   (2) 565, 555, 535
03 (1) 534, 535, 536   **06** (1) 106, 105, 104
   (2) 298, 300, 301   (2) 826, 823, 822

07 2, 9, 9, >   **10** 3, 3, 3, >
08 9, 2, 6, >   **11** 6, 5, 1, <
09 8, 1, 6, <   **12** 4, 6, 5, <
                          13 2, 0, 9, <

👾 수해력을 높여요
28~29쪽

01 (1) 371, 373 (2) 497, 517
02 307, 607, 707
03 풀이 참조
04 550, 650, 750, 850, 950
05 109, 110, 111, 112, 113, 114
06 894   **07** 812에 ◯표
08 >   **09** [562 (564) △550]
10 ㉡   **11** 822, 819, 798
12 5개   **13** 주희
14 509   **15** 풀이 참조
16 파란색

01 (1) 372보다 1 작은 수는 일의 자리 숫자가 1 작은 **371**이고, 372보다 1 큰 수는 일의 자리 숫자가 1 큰 **373**입니다.
   (2) 507보다 10 작은 수는 **497**이고, 507보다 10 큰 수는 **517**입니다.

02 백의 자리 숫자가 1씩 커지므로 100씩 뛰어 센 수입니다.

03 357부터 10씩 뛰어 세면
357−367−377−387−397−407−417입니다.

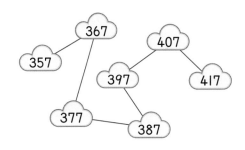

04 100씩 뛰어 세면 백의 자리 숫자가 1씩 커집니다. 450에서 100씩 뛰어 세면
450−550−650−750−850−950입니다.

05 보기 의 수는 일의 자리 숫자가 1씩 커지므로 1씩 뛰어 세는 규칙입니다. 따라서
108−109−110−111−112−113−114입니다.

06 1씩 거꾸로 뛰어 세는 규칙입니다.
900−899−898−897−896−895−894입니다.
따라서 ㉠에 알맞은 수는 **894**입니다.

07 809와 812는 백의 자리 숫자가 같으므로 십의 자리 숫자를 비교합니다.
0<1이므로 809<812입니다.

08 구백이십사는 **924**입니다. **924**와 **909**는 백의 자리 숫자가 같으므로 십의 자리 숫자를 비교하면 **2**>**0**이므로 **924**>**909**입니다.

09 **562, 564, 550**은 백의 자리 숫자가 모두 같으므로 십의 자리 숫자끼리 비교하면 **550**이 가장 작습니다.
562와 **564**는 백의 자리 숫자, 십의 자리 숫자가 같으므로 일의 자리 숫자를 비교하면 **2**<**4**이므로 **562**<**564**입니다.
따라서 가장 큰 수는 **564**, 가장 작은 수는 **550**입니다.

10 ㉠ **604**, ㉡ **610**, ㉢ **609**이므로 수의 크기를 비교하면 **610**>**609**>**604**입니다.
따라서 가장 큰 수는 ㉡입니다.

11 **819, 822, 798** 중 백의 자리 숫자가 작은 **798**이 가장 작은 수입니다.
819와 **822**는 백의 자리 숫자가 같으므로 십의 자리 숫자를 비교하면 **1**<**2**이므로 **819**<**822**입니다.
822>**819**>**798**이므로 큰 수부터 순서대로 쓰면 **822, 819, 798**입니다.

12 **696**과 **702** 사이의 수는 **697, 698, 699, 700, 701**이므로 **696**과 **702** 사이의 수는 모두 **5**개입니다.

13 **112**와 **108**의 크기를 비교하면 백의 자리 숫자가 같으므로 십의 자리 숫자가 더 큰 **112**가 **108**보다 큽니다. 따라서 칭찬스티커를 더 많이 모은 사람은 주희입니다.

14 백의 자리 숫자가 **5**, 일의 자리 숫자가 **9**인 수는 **5**□**9**입니다. □ 안에 들어갈 수 있는 가장 작은 수는 **0**이므로 가장 작은 수는 **509**입니다.

15 새솔이의 저금통에 들어 있는 동전은 **100**원짜리가 **6**개이므로 **600**원, **10**원짜리가 **9**개이므로 **90**원입니다. 따라서 새솔이의 저금통에 들어 있는 동전은 **690**원입니다.
푸름이의 저금통에 들어 있는 동전은 **100**원짜리가 **4**개이므로 **400**원, **10**원짜리가 **28**개이므로 **200**원과 **80**원, **1**원짜리가 **3**개이므로 **3**원입니다. 따라서 푸름이의 저금통에 들어 있는 동전은 **683**원입니다.
690>**683**이므로 새솔이의 저금통에 들어 있는 돈이 더 많습니다.

새솔	푸름
690 원	683 원
○	

16 **10**장씩 **30**상자는 **300**장이고 **10**장씩 **3**상자는 **30**장이므로 파란색 색종이 **33**상자는 **330**장입니다.
100장씩 **3**상자는 **300**장이고 **10**장씩 **2**상자는 **20**장이므로 빨간색 색종이는 **320**장입니다.
330>**320**이므로 파란색 색종이가 더 많습니다.

수해력을 완성해요   30~31쪽

대표 응용 1 600 / 500, 400, 300, 300 / 300, 350
1-1 710   **1**-2 600

대표 응용 2 3 / 4, 7 / 7, 7
2-1 ㉠ 3, ㉡ 4   **2**-2 ㉠ 4, ㉡ 8

대표 응용 3 5 / 1 / 571
3-1 459

대표 응용 4 6 / 7, 8, 9 / 3
4-1 8, 9

1-1 어떤 수에서 10씩 3번 뛰어 센 수가 540이므로 어떤 수는 540에서 10씩 거꾸로 3번 뛰어 센 수입니다. 540에서 10씩 거꾸로 뛰어 세면 540−530−520−510이므로 어떤 수는 510입니다. 어떤 수에서 100씩 2번 뛰어 센 수는 510−610−710이므로 710입니다.

1-2 어떤 수에서 1씩 4번 뛰어 센 수가 634이므로 어떤 수는 634에서 1씩 거꾸로 4번 뛰어 센 수입니다. 634에서 1씩 거꾸로 뛰어 세면 634−633−632−631−630이므로 어떤 수는 630입니다. 어떤 수에서 10씩 3번 거꾸로 뛰어 센 수는 630−620−610−600으로 600입니다.

2-1 52□에서 5씩 뛰어 센 수가 □□9이므로 52□의 □는 4입니다. 52□가 524이므로 5씩 뛰어 센 수는 524−529−534입니다. 따라서 ㉠은 3, ㉡은 4입니다.

2-2 4□□에서 20씩 뛰어센 수가 □6□이므로 4□□의 십의 자리 숫자는 4이고, 일의 자리 숫자는 뛰어 세지 않았으므로 9입니다. 4□□가 449이므로 449에서 20씩 뛰어 센 수는 449−469−489입니다. 따라서 ㉠은 4, ㉡은 8입니다.

3-1 450보다 크고 500보다 작은 수 중 십의 자리 숫자가 50을 나타내는 수는 45□입니다. 일의 자리 숫자는 백의 자리 숫자와 십의 자리 숫자의 합과 같으므로 4+5=9입니다. 따라서 조건을 모두 만족하는 수는 459입니다.

4-1 67□>677에서 백의 자리 숫자와 십의 자리 숫자가 각각 같으므로 □>7이어야 합니다. 따라서 □ 안에 들어갈 수 있는 수는 8, 9입니다.

수해력을 확장해요

활동 1

600	569	387
480	70	251

활동 2

다른 부분: 5 개

네 자리 수

1. 천, 몇천

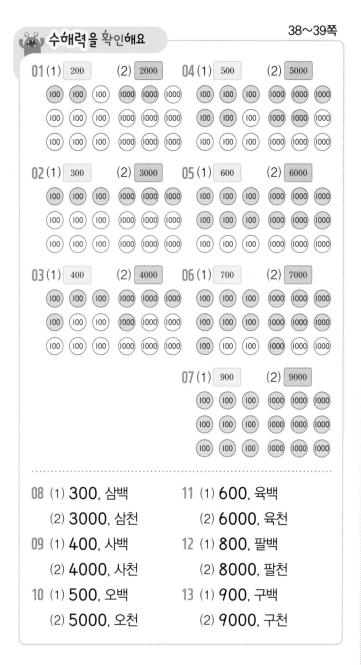

수해력을 확인해요
38~39쪽

01 (1) 200 (2) 2000 04 (1) 500 (2) 5000

02 (1) 300 (2) 3000 05 (1) 600 (2) 6000

03 (1) 400 (2) 4000 06 (1) 700 (2) 7000

07 (1) 900 (2) 9000

08 (1) 300, 삼백 11 (1) 600, 육백
   (2) 3000, 삼천   (2) 6000, 육천

09 (1) 400, 사백 12 (1) 800, 팔백
   (2) 4000, 사천   (2) 8000, 팔천

10 (1) 500, 오백 13 (1) 900, 구백
   (2) 5000, 오천   (2) 9000, 구천

수해력을 높여요
40~41쪽

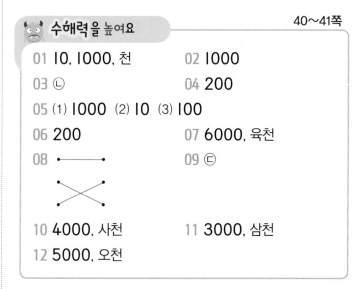

01 10, 1000, 천   02 1000

03 ㉡   04 200

05 (1) 1000 (2) 10 (3) 100

06 200   07 6000, 육천

08 ✕   09 ㉢

10 4000, 사천   11 3000, 삼천

12 5000, 오천

01 100이 10개이므로 1000이라 쓰고 천이라고 읽습니다.

02 100이 10개이면 1000입니다.

03 ㉠ 900보다 100 작은 수는 800입니다.
   ㉡ 10이 100개인 수는 1000입니다.
   ㉢ 99보다 1 큰 수는 100입니다.
   따라서 1000을 나타내는 수는 ㉡입니다.

04 1000원은 100원이 10개입니다. 그런데 100원이 12개이므로 1000원이 되도록 묶었을 때 100원이 2개 남습니다.
   따라서 남은 돈은 200원입니다.

05 (1) 999보다 1 큰 수는 1000입니다.
   (2) 990보다 10 큰 수는 1000입니다.
   (3) 900보다 100 큰 수는 1000입니다.

06 수직선에서 눈금 하나의 크기는 200입니다.
   1000은 800 다음 칸이므로 800보다 200 큰 수입니다.

07 천 모형이 6개이므로 6000이라 쓰고, 육천이라고 읽습니다.

08 사천은 4000, 구천은 9000, 오천은 5000이라고 씁니다.

09 ㉠ 6000보다 1000 큰 수는 7000입니다.
   ㉡ 1000이 7개인 수는 7000입니다.
   ㉢ 100이 7개인 수는 700입니다.
   따라서 나타내는 수가 다른 것은 ㉢입니다.

10 100이 40개인 수는 4000이라 쓰고, 사천이라
   고 읽습니다.

11 9000원은 1000원짜리가 9장이고 모은 돈
   6000원은 1000원짜리가 6장입니다.
   책을 사려면 1000원짜리 3장이 더 필요하므로
   3000(원)이라 쓰고 삼천(원)이라고 읽습니다.

12 주사위를 던져서 나오는 눈의 수를 천 모형의 개수
   라고 할 때 그림에서 주사위 눈이 5가 나왔으므로
   5000이라 쓰고 오천이라고 읽습니다.

수해력을 완성해요
42~43쪽

대표 응용 **1** 10, 10 / 10, 1 / 1
1-1 3개   **1**-2 6개

대표 응용 **2** 100 / 100 / 200
2-1 300   **2**-2 20, 2

대표 응용 **3** 3000 / 4000 / 7000
3-1 9000개

대표 응용 **4** 3000, 2000 / 5000 / 1000, 10
4-1 30

1-1 1000은 100이 10개인 수이므로 1000원짜리
   지폐 한 장을 100원짜리 동전으로 바꾸려면 10개
   가 필요합니다.
   100원짜리 동전이 7개 있으므로 더 필요한 동전
   은 10−7=3(개)입니다.

1-2 100원짜리 동전이 4개 있으므로 더 필요한 동전
   은 10−4=6(개)입니다.

2-1 1000은 900보다 100만큼 더 큰 수입니다.
   900은 700보다 200만큼 큰 수입니다.
   1000은 700보다 300만큼 더 큰 수입니다.

2-2 1000은 990보다 10만큼 더 큰 수입니다.
   1000은 980보다 20만큼 더 큰 수입니다.
   1000은 999보다 1만큼 더 큰 수입니다.
   1000은 998보다 2만큼 더 큰 수입니다.

3-1 100개씩 포장된 자두가 50상자이므로 상자의
   자두는 5000개입니다.
   10개씩 포장된 자두가 400봉지이므로 봉지의
   자두는 4000개입니다.
   따라서 하루 동안 포장한 자두는 모두
   5000+4000=9000(개)입니다.

4-1 1000원짜리 3장은 3000원이고, 100원짜리
   30개는 3000원입니다.
   따라서 지금 가지고 있는 돈은 모두 6000원이고,
   시장에 가서 써야 할 돈은 9000원이므로 부족한
   돈은 3000원입니다.
   3000원은 100원짜리 30개와 같습니다.

2. 네 자리 수와 자릿값

01 (1) 사백오십삼
   (2) 칠천사백오십삼

02 (1) 이백구십오
   (2) 삼천오백십구

03 (1) 사백칠
   (2) 이천칠십삼

04 (1) 오백오십팔
   (2) 육천육백구십이

05 (1) 613   (2) 9817

06 (1) 905   (2) 7014

07 (1) 260   (2) 3030

08 (1) 791   (2) 5144

09 (1) 354, 삼백오십사
   (2) 2423, 이천사백이십삼

10 (1) 750, 칠백오십
   (2) 6041, 육천사십일

11 (1) 426, 사백이십육
   (2) 1350, 천삼백오십

12 (1) 885, 팔백팔십오
   (2) 6732, 육천칠백삼십이

13 (1) 792, 칠백구십이
   (2) 9211, 구천이백십일

14 (1) 679, 육백칠십구
   (2) 8095, 팔천구십오

15 (1) 200, 40, 9
   (2) 3000, 100, 50, 7

16 (1) 900, 0, 9
   (2) 7000, 700, 0, 7

17 (1) 800, 50, 3
   (2) 1000, 200, 50, 7

18 (1) 300, 40, 0
   (2) 5000, 200, 20, 0

19 (1) 600, 60, 2
   (2) 1000, 100, 10, 9

20 (1) 400, 20, 9
   (2) 1000, 0, 0, 2

21 (1) 700, 70, 3
   (2) 6000, 0, 10, 0

22 (1) 200, 30, 6
   (2) 1000, 200, 30, 5

23 (1) 600, 40, 2
   (2) 9000, 800, 30, 7

24 (1) 400, 60, 9
   (2) 2000, 600, 60, 7

25 (1) 100, 90, 9
   (2) 7000, 700, 30, 3

26 (1) 300, 20, 9
   (2) 5000, 500, 60, 8

27 (1) 600, 0, 8
   (2) 3000, 0, 90, 2

28 (1) 200, 70, 0
   (2) 6000, 0, 0, 1

---

01 2369

02 (1) 3 (2) 5 (3) 7 (4) 8

03 700

04 3707, 삼천칠백칠

05 (1) 3000 (2) 700 (3) 0, 0 (4) 7, 7

06 4, 0, 900, 30

07 5, 5, 2, 7

08 5221, 오천이백이십일

09 (선 연결)

10 (1) 5317 (2) 9000, 40

11 (1) 6 (2) 200 (3) 9 (4) 4, 4

12 5116, 오천백십육

---

01 1000이 2개이면 2000, 100이 3개이면 300, 10이 6개이면 60, 1이 9개이면 9입니다. 따라서 수 모형이 나타내는 수는 2369입니다.

02 3578은
(1) 천의 자리 숫자는 3이고 3000을 나타냅니다.
(2) 백의 자리 숫자는 5이고 500을 나타냅니다.
(3) 십의 자리 숫자는 7이고 70을 나타냅니다.
(4) 일의 자리 숫자는 8이고 8을 나타냅니다.

03 7은 백의 자리 숫자이므로 700을 나타냅니다.

04 1000원짜리가 3장이면 3000, 100원짜리가 7개이면 700, 10원짜리가 0개이면 0, 1원짜리가 7개이면 7이므로 3707이라 쓰고 삼천칠백칠이라고 읽습니다.

05 3707은
(1) 천의 자리 숫자는 3이고 3000을 나타냅니다.
(2) 백의 자리 숫자는 7이고 700을 나타냅니다.
(3) 십의 자리 숫자는 0이고 0을 나타냅니다.
(4) 일의 자리 숫자는 7이고 7을 나타냅니다.

06 4930은 천의 자리 숫자가 4이고 일의 자리 숫자는 0입니다. 백의 자리 숫자 9는 900을 나타내고 십의 자리 숫자 3은 30을 나타내므로 4930=4000+900+30+0입니다.

07 5527은 1000이 5개, 100이 5개, 10이 2개, 1이 7개인 수입니다.

08 숫자 5가 나타내는 값은 다음과 같습니다.
2750 ➡ 50, 5221 ➡ 5000,
1245 ➡ 5, 9521 ➡ 500
따라서 숫자 5가 나타내는 값이 가장 큰 수는 5221이고 오천이백이십일이라고 읽습니다.

09 삼천이십칠 ➡ 3027
오천삼백이십삼 ➡ 5323
사천삼백구 ➡ 4309

10 (1) 5000＋300＋10＋7＝5317
(2) 9000＋200＋40＋1＝9241

11 6294에서
(1) 천의 자리 숫자는 6이고 6000을 나타냅니다.
(2) 백의 자리 숫자는 2이고 200을 나타냅니다.
(3) 십의 자리 숫자는 9이고 90을 나타냅니다.
(4) 일의 자리 숫자는 4이고 4를 나타냅니다.

12 주사위 눈의 수가 각 자리의 숫자입니다.
천의 자리 숫자는 5이고 5000을 나타냅니다.
백의 자리 숫자는 1이고 100을 나타냅니다.
십의 자리 숫자는 1이고 10을 나타냅니다.
일의 자리 숫자는 6이고 6을 나타냅니다.
따라서 네 자리 수는 5116이라 쓰고 오천백십육이라고 읽습니다.

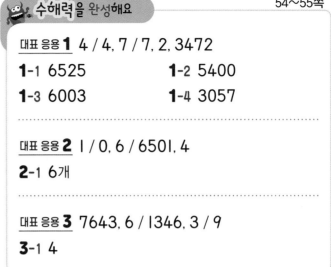

😈 수해력을 완성해요

대표 응용 1 4 / 4, 7 / 7, 2, 3472
1-1 6525   **1-2** 5400
1-3 6003   **1-4** 3057

대표 응용 2 1 / 0, 6 / 6501, 4
2-1 6개

대표 응용 3 7643, 6 / 1346, 3 / 9
3-1 4

1-1 6500보다 크고 6600보다 작은 네 자리 수는 65□□입니다.
천의 자리 숫자와 십의 자리 숫자의 합은 8이므로 십의 자리 숫자는 8－6＝2입니다.
백의 자리 숫자와 일의 자리 숫자는 같으므로 일의 자리 숫자는 5입니다.
따라서 조건을 만족하는 네 자리 수는 6525입니다.

1-2 5000보다 크고 6000보다 작은 네 자리 수는 5□□□이므로 천의 자리 숫자는 5입니다.
백의 자리 숫자가 400을 나타내므로 백의 자리 숫자는 4입니다.
각 자리 숫자의 합이 9이므로 나머지 자리 숫자는 모두 0입니다.
따라서 조건을 만족하는 네 자리 수는 5400입니다.

1-3 6000보다 크고 6100보다 작은 네 자리 수는 60□□입니다.
수 모형으로 나타낼 때 십 모형은 필요하지 않으므로 십의 자리 숫자는 0입니다.
각 자리 숫자의 합은 6＋0＋0＋□＝9이므로 일의 자리 숫자는 3입니다.
따라서 조건을 만족하는 네 자리 수는 6003입니다.

1-4 3000보다 크고 4000보다 작은 네 자리 수는 3□□□입니다.

십의 자리 숫자가 50을 나타내므로 십의 자리 숫자는 5입니다.

일의 자리 숫자와 십의 자리 숫자의 합이 12이므로 5+□=12에서 일의 자리 숫자는 7입니다.

각 자리 숫자의 합은 3+□+5+7=15이므로 백의 자리 숫자는 0입니다.

따라서 조건을 만족하는 네 자리 수는 3057입니다.

2-1 수 카드를 한 번씩만 사용하여 만들 수 있는 네 자리 수 중에서 백의 자리 숫자가 6인 네 자리 수는 □6□□입니다.

천의 자리에 올 수 있는 숫자는 1, 7, 5이므로 만들 수 있는 네 자리 수는 16□□, 76□□, 56□□입니다.

16□□은 1675, 1657을, 76□□은 7651, 7615를, 56□□은 5671, 5617을 만들 수 있으므로 만들 수 있는 네 자리 수는 모두 6개입니다.

3-1 만들 수 있는 가장 큰 네 자리 수는 7432이므로 ㉠=4입니다.

0은 천의 자리에 올 수 없으므로 만들 수 있는 가장 작은 네 자리 수는 2034이므로 ㉡=0입니다.

따라서 ㉠+㉡=4+0=4입니다.

3. 뛰어 세기와 수의 크기 비교

58~59쪽

수해력을 확인해요

01 (1) 602, 702, 902 (2) 6008, 8008

02 (1) 296, 496, 696 (2) 1705, 4705, 5705

03 (1) 297, 397, 497, 697

(2) 2753, 2853, 2953, 3053, 3153

04 (1) 412, 422, 432, 442, 452

(2) 1170, 1270, 1370, 1470, 1570

05 (1) 522, 542, 552, 572

(2) 3937, 3957, 3967, 3977

06 (1) 428, 448, 458, 468, 478

(2) 8903, 8923, 8933, 8943, 8953

07 (1) 993, 994, 995, 996, 997

(2) 1005, 1006, 1007, 1008, 1009

08 (1) | 555 | 611 |
| --- | --- |
| | ○ |

(2) | 4444 | 3888 |
| --- | --- |
| ○ | |

09 (1) | 480 | 602 |
| --- | --- |
| | ○ |

(2) | 7482 | 6996 |
| --- | --- |
| ○ | |

10 (1) | 267 | 302 |
| --- | --- |
| | ○ |

(2) | 3009 | 4998 |
| --- | --- |
| | ○ |

11 (1) | 911 | 877 |
| --- | --- |
| ○ | |

(2) | 5268 | 5391 |
| --- | --- |
| | ○ |

12 (1) | 390 | 381 |
| --- | --- |
| ○ | |

(2) | 1199 | 1202 |
| --- | --- |
| | ○ |

13 (1) | 453 | 461 |
| --- | --- |
| | ○ |

(2) | 5803 | 5828 |
| --- | --- |
| | ○ |

14 (1) | 775 | 758 |
| --- | --- |
| ○ | |

(2) | 9031 | 9017 |
| --- | --- |
| ○ | |

15 (1) | 460 | 463 |
| --- | --- |
| | ○ |

(2) | 5528 | 5525 |
| --- | --- |
| ○ | |

수해력을 높여요

01 (1) 5500, 6500, 7500
   (2) 3352, 3452, 3552, 3652
02 (1) 1243, 1253, 1263, 1273
   (2) 5585, 5586, 5587, 5589
03 5235, 5255
04 3550, 3450, 3350, 3250
05 1323, 1146   **06** (1) < (2) < (3) >
07 3501, 3501   **08** 7812에 ○표
09 ㉠   **10** 3개
11 민서   **12** 6개
13 >, <   **14** 한라산

---

01 (1) 1000씩 뛰어 세면 2500−3500−4500
   −5500−6500−7500입니다.
   (2) 100씩 뛰어 세면 3152−3252−3352
   −3452−3552−3652입니다.

02 (1) 10씩 뛰어 세면 1233−1243−1253−
   1263−1273−1283입니다.
   (2) 1씩 뛰어 세면 5584−5585−5586−
   5587−5588−5589입니다.

03 10씩 뛰어 세는 규칙이므로
   5225−5235−5245−5255−5265입
   니다.

04 3750부터 100씩 거꾸로 뛰어 세면 3750−
   3650−3550−3450−3350−3250입
   니다.

05 천 모형 1개, 백 모형 1개, 십 모형 4개, 일 모형 6
   개인 수는 1146입니다.
   천 모형 1개, 백 모형 3개, 십 모형 2개, 일 모형 3
   개인 수는 1323입니다.
   따라서 1323은 1146보다 큽니다.

06 (1) 978<1011
   (2) 4259<4261
   (3) 9090>구천구(9009)

07 3451과 2999 중 더 큰 수는 3451입니다.
   3498과 3501 중 더 큰 수는 3501입니다.
   3451과 3501 중 더 큰 수는 3501입니다.

08 7809와 7812 중에서 십의 자리 숫자가 더 큰
   7812가 더 큽니다.

09 ㉠ 3472
   ㉡ 이천이백구십오는 2295입니다.
   ㉢ 1000이 3개, 100이 1인 수는 3100입니다.
   따라서 천의 자리 숫자가 3이고 백의 자리 숫자가
   4인 ㉠ 3472가 가장 큽니다.

10 2997보다 크고 3001보다 작은 수는
   2998, 2999, 3000으로 모두 3개입니다.

11 찬희는 7320원을 가지고 있고 민서는 7750원
   을 가지고 있습니다.
   따라서 백의 자리 숫자가 더 큰 민서가 더 많은 돈
   을 가지고 있습니다.

12 5□74>5374이므로 □ 안에는 3보다 큰 수가
   들어갈 수 있습니다.
   따라서 □ 안에 들어갈 수 있는 수는 4, 5, 6, 7,
   8, 9이므로 모두 6개입니다.

13 엄마가 태어나신 연도는 1988이고 아빠가 태어나
   신 연도는 1987이므로 두 수의 크기를 비교하면
   1988>1987입니다. 그런데 나이의 크기를 비
   교하면 36<37이 됩니다.

14 설악산은 1708, 지리산은 1916, 한라산은
   1947이므로 백의 자리 숫자가 더 큰 지리산과 한
   라산이 설악산보다 더 높습니다.
   한라산은 지리산보다 십의 자리 숫자가 더 크므로
   가장 높은 산은 한라산입니다.

수해력을 완성해요

대표 응용 **1** 3558, 3568 / 3360, 3460, 3560 /
3568, 3560, ㉠

1-1 ㉠

대표 응용 **2** 3521 / 3221 / 3221

2-1 5404　　　　**2**-2 1320

대표 응용 **3** < / 작은 / 1, 2, 3, 4, 5

3-1 7, 8, 9　　　　**3**-2 14

대표 응용 **4** 5, 0 / 9750

4-1 9570

1-1 ㉠ 5112부터 10씩 6번 뛰어 센 수는 5172입니다.
㉡ 4743부터 100씩 4번 뛰어 센 수는 5143입
니다.
따라서 ㉠ 5172가 더 큰 수입니다.

2-1 7904부터 1000씩 거꾸로 2번 뛰어 센 수는
5904입니다. 5904부터 100씩 거꾸로 5번 뛰
어 센 수는 5404이므로 ㉠은 5404입니다.

2-2 1950부터 100씩 거꾸로 6번 뛰어 센 수는
1350입니다. 1350부터 10씩 거꾸로 3번 뛰어
센 수는 1320이므로 ㉠은 1320입니다.

3-1 54□5 > 5466이므로 □ 안에 들어갈 수 있는
수는 6보다 큰 수입니다. 따라서 □ 안에 들어갈
수 있는 수는 7, 8, 9입니다.

3-2 3573 < 3□79를 만족하는 □ 안에 들어갈 수
있는 수 중 가장 큰 수는 9이고 가장 작은 수는 5
이므로 두 수의 합은 14입니다.

4-1 백의 자리 숫자가 나타내는 값은 500이므로
㉠5㉡㉢과 같이 나타낼 수 있습니다. 가장 큰 네
자리 수가 되려면 ㉠은 9, ㉡+㉢=7에서
㉡=7, ㉢=0이어야 합니다. 따라서 조건을 만족
하는 가장 큰 네 자리 수는 9570입니다.

수해력을 확장해요

활동 **1**

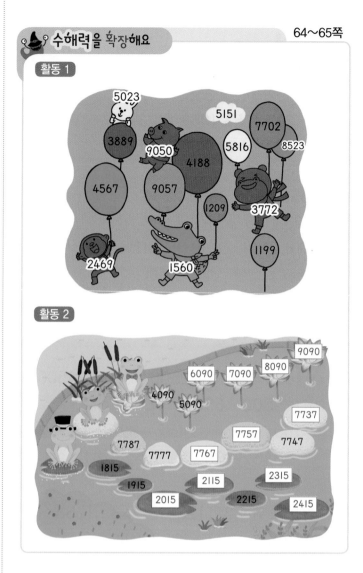

활동 **2**

활동 **1**

5023, 5151, 5816	노란색
4567, 1560, 8523	초록색
3889, 3772, 4188	갈색
9057, 1199	분홍색
2469, 9050	보라색
1209, 7702	주황색

덧셈과 뺄셈

1. 받아올림이 있는 두 자리 수의 덧셈

수해력을 확인해요

70~71쪽

01 (1) 13 (2) 53		05 (1) 28 (2) 58	
02 (1) 15 (2) 45		06 (1) 66 (2) 96	
03 (1) 11 (2) 61		07 (1) 33 (2) 73	
04 (1) 11 (2) 81		08 (1) 71 (2) 81	

09 (1) 12 (2) 125		13 (1) 60 (2) 130	
10 (1) 14 (2) 149		14 (1) 90 (2) 110	
11 (1) 15 (2) 155		15 (1) 72 (2) 142	
12 (1) 10 (2) 106		16 (1) 85 (2) 105	

수해력을 높여요

72~73쪽

01 71

02 1, 1 / 1, 4, 1

03 (1) 124 (2) 83

04 ( )(○)

05

06 120

07 풀이 참조

08 2개

09 세신

10 44명

11 1반

12 33마리, 60개

01 수 모형을 모두 더하면 십 모형 6개, 일 모형 11개
가 됩니다. 일 모형 10개를 십 모형 1개로 바꾸면
십 모형 7개, 일 모형 1개가 됩니다.
따라서 45+26=71입니다.

02

$$
\begin{array}{r} 2\ 4 \\ +\ 1\ 7 \\ \hline \end{array}
\Rightarrow
\begin{array}{r} \ \ \ 1\ \ \ \\ 2\ 4 \\ +\ 1\ 7 \\ \hline 1 \end{array}
\Rightarrow
\begin{array}{r} \ \ \ 1\ \ \ \\ 2\ 4 \\ +\ 1\ 7 \\ \hline 4\ 1 \end{array}
$$

---

03 **해설 나침반**

같은 자리끼리의 합이 10이거나 10보다 크면 받아올림합니
다. 이때 받아올림한 수를 빠뜨리지 않고 함께 계산합니다.

(1)
$$
\begin{array}{r} 1 \\ 5\ 1 \\ +\ 7\ 3 \\ \hline 1\ 2\ 4 \end{array}
$$

(2)
$$
\begin{array}{r} 1 \\ 1\ 9 \\ +\ 6\ 4 \\ \hline 8\ 3 \end{array}
$$

04 78+19=97, 59+42=101
➡ 97<101

05 18+8=26   58+34=92
27+65=92   9+17=26
44+61=105   62+43=105

06 67+53=120

07 일의 자리에서 받아올림한 수를 십의 자리 계산에
서 더하지 않았습니다. 받아올림한 수를 더해 주면
53이 됩니다.

$$
\begin{array}{r} 2\ 9 \\ +\ 2\ 4 \\ \hline 4\ 3 \end{array}
\Rightarrow
\begin{array}{r} 1 \\ 2\ 9 \\ +\ 2\ 4 \\ \hline 5\ 3 \end{array}
$$

08 28+□=84에서 □=56입니다.
28+□>84가 되려면 □는 56보다 커야 합니다.
따라서 □ 안에 들어갈 수 있는 수는 57, 60으로
모두 2개입니다.

09 세신: 49에 1을 더한 수인 50에 16을 더해야 합
니다.

10 (수영장에 있는 사람의 수)=26+18=44(명)

11 • (1반 학생들이 뒤집은 카드의 개수)
$$=53+49=102(개)$$
• (2반 학생들이 뒤집은 카드의 개수)
$$=48+52=100(개)$$
➡ $102>100$

따라서 1반이 이겼습니다.

12 • (시장에서 산 생선의 수)
$$=(고등어의 수)+(갈치의 수)$$
$$=17+16=33(마리)$$
• (시장에서 산 과일의 수)
$$=(사과의 수)+(귤의 수)$$
$$=25+35=60(개)$$

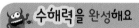

수해력을 완성해요   74~75쪽

대표 응용 **1** 12 / 8

1-1 9   **1**-2 3

1-3 (위에서부터) 8, 1   **1**-4 (위에서부터) 3, 7

대표 응용 **2** 32 / 32, 90

2-1 65, 93   **2**-2 24, 61

2-3 82, 149   **2**-4 76, 122

1-1
```
      1
    3 5
  + 4 ㉠
  ─────
    8 4
```
일의 자리에서 받아올림이 있습니다.

➡ $5+㉠=14$, $㉠=9$입니다.

1-2
```
      1
    2 ㉠
  + 1 7
  ─────
    4 0
```

일의 자리에서 받아올림이 있습니다.
➡ $㉠+7=10$, $㉠=3$입니다.

1-3
```
    1 1
    8 6
  + 4 ㉠
  ─────
  ㉡ 3 4
```

일의 자리와 십의 자리에서 받아올림이 있습니다.
➡ 일의 자리 계산 : $6+㉠=14$, $㉠=8$입니다.
   십의 자리 계산 : $1+8+4=13$이므로
   $㉡=1$입니다.

1-4
```
      1
    ㉡ 8
  + 4 ㉠
  ─────
    8 5
```

일의 자리에서 받아올림이 있습니다.
➡ 일의 자리 계산: $8+㉠=15$, $㉠=7$입니다.
   십의 자리 계산: $1+㉡+4=8$이므로
   $㉡=3$입니다.

2-1   해설 나침반

28과 더해서 계산 결과가 가장 큰 수가 나오게 하려면 만들 수 있는 가장 큰 수를 더해야 합니다.

4, 5, 6으로 만들 수 있는 가장 큰 두 자리 수: 65
➡ $28+65=93$

2-2 계산 결과가 가장 작은 수가 되려면 가장 작은 두 자리 수를 더해야 합니다.
   2, 4, 5로 만들 수 있는 가장 작은 두 자리 수: 24
➡ $37+24=61$

2-3 1, 2, 8로 만들 수 있는 가장 큰 두 자리 수: 82
➡ $67+82=149$

2-4 3, 6, 7로 만들 수 있는 가장 큰 두 자리 수: 76
➡ $46+76=122$

2. 받아내림이 있는 두 자리 수의 뺄셈

수해력을 확인해요

01 (1) 5	(2) 55		05 (1) 5	(2) 15	
02 (1) 7	(2) 67		06 (1) 7	(2) 17	
03 (1) 7	(2) 27		07 (1) 1	(2) 31	
04 (1) 9	(2) 49		08 (1) 6	(2) 16	

09 (1) 46	(2) 26	13 (1) 38	(2) 8
10 (1) 17	(2) 7	14 (1) 54	(2) 34
11 (1) 35	(2) 15	15 (1) 28	(2) 18
12 (1) 47	(2) 37	16 (1) 67	(2) 27
		17 (1) 76	(2) 16

수해력을 높여요

01 9, 15 02 (1) 38 (2) 18
03 ( )(○)( ) 04 23
05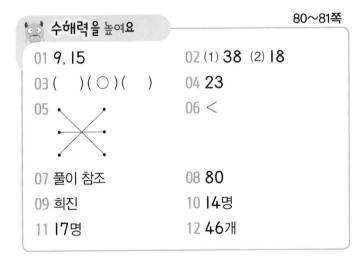
06 <
07 풀이 참조 08 80
09 희진 10 14명
11 17명 12 46개

01 십 모형 1개를 일 모형 10개로 바꾼 후 일 모형 14개에서 일 모형 9개를 빼면 십 모형 1개, 일 모형 5개가 남습니다.
따라서 24−9=15입니다.

02 **해설 나침반**
같은 자리의 수끼리 뺄 수 없을 때는 윗자리에서 받아내림합니다.

(1)
```
   3 10
   4 2
 −   4
   3 8
```
(2)
```
   7 10
   8 2
 − 6 4
   1 8
```

03 30−14=16, 42−16=26,
53−37=16
따라서 계산 결과가 다른 식은 42−16입니다.

04 50>27이므로 50−27=23입니다.

해설 플러스
두 수의 차를 구할 때는 큰 수에서 작은 수를 뺍니다.

05 63−6=57
40−19=21
55−28=27

06 52−17=35, 73−37=36
➡ 35<36

07 십의 자리에서 받아내림이 있습니다.
십의 자리 수를 계산하면 4−1−1=2입니다.

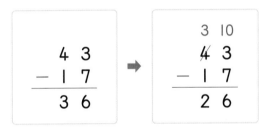

08 □ 안의 숫자 8은 90에서 받아내림하고 남은 수이므로 실제로는 80을 나타냅니다.

09 희경: 36−18=36−16−2=20−2=18

10 (안경을 끼지 않은 학생의 수)
=(반 전체 학생 수)−(안경을 낀 학생의 수)
=22−8=14(명)

11 (앞으로 접수할 수 있는 사람의 수)
=65−(지금까지 접수한 사람의 수)
=65−48=17(명)

12 (남은 알의 수)
=(처음에 있던 알의 수)−(부화한 알의 수)
=83−37=46(개)

🐛 수해력을 완성해요

대표 응용 1 5 / 7

1-1 7   **1**-2 1

1-3 (위에서부터) 0, 5   **1**-4 (위에서부터) 8, 9

대표 응용 2 62, 17 / 62, 17, 45

2-1 80, 25, 55   **2**-2 74, 29, 45

2-3 91, 14, 77   **2**-4 91, 16, 75

1-1
$$
\begin{array}{r}
{}^{5}\cancel{6}\ {}^{10}5 \\
-\ \ 4\ \boxed{\bigcirc} \\
\hline
1\ \ 8
\end{array}
$$

십의 자리에서 받아내림이 있습니다.

➡ 15$-$㉠$=$8, ㉠$=$7입니다.

1-2
$$
\begin{array}{r}
{}^{4}\cancel{5}\ {}^{10}\boxed{\bigcirc} \\
-\ \ 1\ \ 7 \\
\hline
3\ \ 4
\end{array}
$$

십의 자리에서 받아내림이 있습니다.

➡ 10$+$㉠$-$7$=$4, 11$-$7$=$4이므로
㉠$=$1입니다.

1-3
$$
\begin{array}{r}
{}^{6}\cancel{7}\ {}^{10}\boxed{\bigcirc} \\
-\ \ 1\ \ 5 \\
\hline
\boxed{\bigcirc}\ \ 5
\end{array}
$$

십의 자리에서 받아내림이 있습니다.

➡ 일의 자리 계산: 10$+$㉠$-$5$=$5, 10$-$5$=$5
이므로 ㉠$=$0입니다.
십의 자리 계산: 6$-$1$=$㉡이므로 ㉡$=$5입니다.

1-4
$$
\begin{array}{r}
{}^{\boxed{\bigcirc}-1}\cancel{\boxed{\bigcirc}}\ {}^{10}8 \\
-\ \ 4\ \boxed{\bigcirc} \\
\hline
3\ \ 9
\end{array}
$$

십의 자리에서 받아내림이 있습니다.

➡ 일의 자리 계산: 10$+$8$-$㉠$=$9,
18$-$㉠$=$9이므로 ㉠$=$9입니다.
십의 자리 계산: ㉡$-$1$-$4$=$3, 7$-$4$=$3이
므로 ㉡$=$8입니다.

2-1 해설 나침반 ✨

차가 가장 큰 뺄셈식을 만들기 위해서는 가장 큰 수에서 가장
작은 수를 빼야 합니다.

가장 큰 수: 80, 가장 작은 수: 25

➡ 80$-$25$=$55

2-2 가장 큰 수: 74, 가장 작은 수: 29

➡ 74$-$29$=$45

2-3 가장 큰 수: 91, 가장 작은 수: 14

➡ 91$-$14$=$77

2-4 가장 큰 수: 91, 가장 작은 수: 16

➡ 91$-$16$=$75

3. 덧셈과 뺄셈의 관계

🐛 수해력을 확인해요

01 48/52, 48, 4   05 16, 35/16, 19, 35

02 57/72, 57, 15   06 27, 52/27, 25, 52

03 25/53, 25, 28   07 49, 63/49, 14, 63

04 67/96, 67, 29   08 38, 70/38, 32, 70

🐲 수해력을 높여요

01 (위에서부터) 29 / 53, 29 / 53, 24, 29
02 35, 39, 74
03 (1) 35, 46 (2) 26, 64
04 57 / 35, 57, 92 / 57, 35, 92
05 (1) 24, 36, 60 또는 36, 24, 60
   (2) 60, 36, 24/60, 24, 36

01 덧셈식 24+29=53은 뺄셈식 53−29=24
   와 53−24=29로 나타낼 수 있습니다.

02 뺄셈식 74−35=39는 덧셈식 39+35=74
   와 35+39=74로 나타낼 수 있습니다.

03 (1) 46+35=81 ➡ 81−46=35
   (2) 64−26=38 ➡ 38+26=64

04 세 수를 이용하여 만들 수 있는 뺄셈식은
   92−57=35이고, 덧셈식 35+57=92와
   57+35=92로 나타낼 수 있습니다.

05 (1) (송아와 현경이가 산 색연필과 사인펜의 수)
   =(색연필의 수)+(사인펜의 수)이므로
   24+36=60 또는 36+24=60으로 나
   타낼 수 있습니다.

   (2) 24+36=60 ⟨ 60−36=24
                 60−24=36

🐲 수해력을 완성해요

대표 응용 **1** 27, 33 / 27, 33, 60 또는 33, 27, 60 /
           60, 33, 27, 60, 27, 33

1-1 풀이 참조   **1**-2 풀이 참조
1-3 풀이 참조

대표 응용 **2** 64 / 64, 6 / 58, 6, 64, 6, 58, 64

2-1 풀이 참조   **2**-2 풀이 참조
2-3 풀이 참조   **2**-4 풀이 참조

1-1 주어진 모양에서 같은 모양은 ◯입니다.

44 + 37 = 81 ⟨ 81 − 37 = 44
               81 − 44 = 37

또는 37+44=81

1-2 주어진 모양에서 같은 모양은 △입니다.

36 + 35 = 71 ⟨ 71 − 35 = 36
               71 − 36 = 35

또는 35+36=71

1-3 주어진 모양에서 같은 모양은 ☐입니다.

55 − 19 = 36 ⟨ 36 + 19 = 55
               19 + 36 = 55

2-1 차가 27이 되는 수 카드는 28, 55입니다.

55 − 28 = 27 ⟨ 27 + 28 = 55
               28 + 27 = 55

2-2 차가 36이 되는 수 카드는 38, 74입니다.

74 − 38 = 36 ⟨ 36 + 38 = 74
               38 + 36 = 74

2-3 합이 40이 되는 수 카드는 15, 25입니다.

15 + 25 = 40 ⟨ 40 − 25 = 15
               40 − 15 = 25

또는 25+15=40

2-4 합이 63이 되는 수 카드는 18, 45입니다.

18 + 45 = 63 ⟨ 63 − 45 = 18
               63 − 18 = 45

또는 45+18=63

4. ☐의 값 구하기, 세 수의 계산

01	7	04	7
02	8	05	6
03	9	06	13

07 (계산 순서대로) 52, 28, 28 / 52, 52, 28

08 (계산 순서대로) 56, 38, 38 / 56, 56, 38

09 (계산 순서대로) 62, 28, 28 / 62, 62, 28

10 (계산 순서대로) 18, 32, 32 / 18, 18, 32

11 (계산 순서대로) 18, 47, 47 / 18, 18, 47

12 (계산 순서대로) 25, 62, 62 / 25, 25, 62

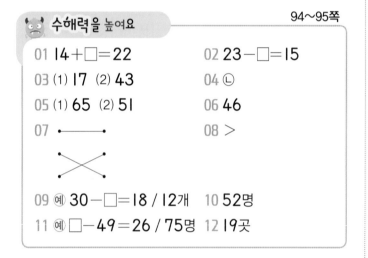

01 $14+\square=22$

02 $23-\square=15$

03 (1) 17 (2) 43

04 ㉡

05 (1) 65 (2) 51

06 46

07 (선 연결)

08 $>$

09 예 $30-\square=18$ / 12개

10 52명

11 예 $\square-49=26$ / 75명

12 19곳

---

01 모르는 수를 ☐로 나타내어 덧셈식을 만듭니다.

02 모르는 수를 ☐로 나타내어 뺄셈식을 만듭니다.

03 (1) 덧셈식 $46+\square=63$을 뺄셈식으로 나타내면 $63-46=\square$이므로 $\square=17$입니다.
   (2) 뺄셈식 $\square-18=25$를 덧셈식으로 나타내면 $25+18=\square$이므로 $\square=43$입니다.

04 ㉠ $23+\square=52 \Rightarrow 52-23=\square, \square=29$
   ㉡ $\square+18=49 \Rightarrow 49-18=\square, \square=31$
   ㉢ $\square-9=21 \Rightarrow 21+9=\square, \square=30$
   따라서 $31>30>29$입니다.

---

05 해설 나침반

세 수의 덧셈과 뺄셈이 같이 있는 계산은 계산 순서를 바꾸어 계산하면 안됩니다. 앞에서부터 차례로 계산합니다.

(1) $25+58-18=65$
    83
    65

(2) $69-27+9=51$
    42
    51

06 $32-15+29=17+29=46$

07 $80-52-16=28-16=12$
    $47+17-36=64-36=28$
    $66-49+55=17+55=72$

08 $17+39-9=56-9=47$
    $71-28+3=43+3=46$
    ➡ $47>46$

09 동생에게 준 구슬의 수를 ☐개라고 합니다.
(처음에 가지고 있던 구슬의 수)
－(동생에게 준 구슬의 수)＝(남은 구슬의 수)
이므로 식으로 나타내면 $30-\square=18$입니다.
➡ $30-18=\square$, $\square=12$(개)

10 (마트에 남아 있는 사람의 수)
＝(처음에 마트에 있던 사람의 수)
   －(나간 사람의 수)＋(들어온 사람의 수)
＝$62-28+18$
＝$34+18=52$(명)

11 독서 퀴즈 대회에 참여한 학생의 수를 ☐명이라고 합니다.
(독서 퀴즈 대회에 참여한 학생의 수)
－(탈락한 학생의 수)＝(끝까지 남은 학생의 수)
이므로 식으로 나타내면 $\square-49=26$입니다.
➡ $26+49=\square$, $\square=75$(명)

12 (내과의 수)
＝(치과의 수)＋(안과의 수)－13
＝$18+14-13$
＝$32-13=19$(곳)

수해력을 완성해요

대표 응용 1 23, 62 / 62, 23 / 39
1-1 38　　　　　　**1**-2 15
1-3 57　　　　　　**1**-4 67

대표 응용 2 43, 34, 9 / 28, 12, 40(또는 12, 28, 40) / 9, 40, 49
2-1 78　　　　　　**2**-2 54
2-3 39　　　　　　**2**-4 42, 60

대표 응용 3 53 / 18 / 33, ㉠, ㉢, ㉡
3-1 ㉠, ㉡, ㉢　　　**3**-2 ㉡, ㉢, ㉠
3-3 ㉢, ㉠, ㉡　　　**3**-4 ㉢, ㉠, ㉡

대표 응용 4 40 / 40, 1, 2, 3 / 3
4-1 2개　　　　　　**4**-2 3개
4-3 1, 2, 3, 4, 5　　**4**-4 7, 8, 9

1-1 어떤 수를 □라 하면 □+13=51입니다.
➡ 51−13=□, □=38

1-2 어떤 수를 □라 하면 □+19=53입니다.
➡ 53−19=□, □=34
어떤 수가 34이므로 바르게 계산하면
34−19=15입니다.

1-3 어떤 수를 □라 하면 □−35=22입니다.
➡ 22+35=□, □=57

1-4 어떤 수를 □라 하면 □−16=35입니다.
➡ 35+16=□, □=51
어떤 수가 51이므로 바르게 계산하면
51+16=67입니다.

2-1 ・27+♥=52이므로 52−27=♥,
　　♥=25입니다.
・★−22=31이므로 31+22=★,
　　★=53입니다.
➡ ♥+★=25+53=78

2-2 ・♥+18=54이므로 54−18=♥,
　　♥=36입니다.
・43−★=25이므로 43−25=★,
　　★=18입니다.
➡ ♥+★=36+18=54

2-3 ・20+♥=48이므로 48−20=♥,
　　♥=28입니다.
・★−59=8이므로 8+59=★, ★=67입니다.
➡ 67>28이므로 ★−♥=67−28=39

2-4 ・14+♥=56이므로 56−14=♥,
　　♥=42입니다.
・★−18=♥이므로 ★−18=42이며
　　42+18=★, ★=60입니다.

3-1 ㉠ 29+18+11=47+11=58
㉡ 91−17−29=74−29=45
㉢ 40+37−33=77−33=44
➡ 58>45>44

3-2 ㉠ 39+15−25=54−25=29
㉡ 42−27+33=15+33=48
㉢ 57+18−42=75−42=33
➡ 48>33>29

3-3 ㉠ 40+15−19=55−19=36
㉡ 82−27+25=55+25=80
㉢ 66−18−29=48−29=19
➡ 19<36<80

3-4 ㉠ 15+25+16=40+16=56
㉡ 67−16+38=51+38=89
㉢ 34+38−44=72−44=28
➡ 28<56<89

4-1 25+27=52, 52+♥<55입니다.
52+3=55이므로 ♥는 3보다 작은 수입니다.
따라서 1부터 9까지의 수 중에서 ♥ 안에 들어갈 수 있는 수는 1, 2로 모두 2개입니다.

4-2 $65-18=47$, $47+\square>53$입니다.

$47+6=53$이므로 $\square$는 6보다 큰 수입니다.

따라서 1부터 9까지의 수 중에서 $\square$ 안에 들어갈 수 있는 수는 7, 8, 9로 모두 3개입니다.

4-3 $24+56=80$, $80-\square>74$입니다.

$80-6=74$이므로 $\square$는 6보다 작은 수입니다.

따라서 1부터 9까지의 수 중에서 $\square$ 안에 들어갈 수 있는 수는 1, 2, 3, 4, 5입니다.

4-4 먼저 왼쪽의 식을 계산하면

$37+15-25=52-25=27$입니다.

$27<21+\square$이고, $27=21+6$이므로 $\square$는 6보다 큰 수입니다. 따라서 1부터 9까지의 수 중에서 $\square$ 안에 들어갈 수 있는 수는 7, 8, 9입니다.

100～101쪽

수해력을 확장해요

활동 1 **9865**

활동 2 **26, 56, 18**

활동 3

$48-19+27$
$=56$

활동 1

1. $18+\boxed{\textㄱ}=27 ➡ 27-18=\boxed{\textㄱ}$, $\boxed{\textㄱ}=9$

2. $\boxed{\textㄴ}-6=2 ➡ 2+6=\boxed{\textㄴ}$, $\boxed{\textㄴ}=8$

3. $\boxed{\textㄷ}+25=31 ➡ 31-25=\boxed{\textㄷ}$, $\boxed{\textㄷ}=6$

4. $21-\boxed{\textㄹ}=16 ➡ 21-16=\boxed{\textㄹ}$, $\boxed{\textㄹ}=5$

따라서 비밀번호는 **9865**입니다.

04 단원

곱셈

1. 묶어 세기

108～109쪽

수해력을 확인해요

01 4, 6, 8 / 8

02 6, 9, 12 / 12

03 8, 12, 16 / 16

04 3, 6, 9, 12, 15, 18 / 18

05 6, 12, 18, 24 / 24

06 5, 10, 15, 20, 25 / 25

07 (1) 6, 12 (2) 6, 6 (3) 6, 12

08 (1) 5, 15 (2) 5, 5 (3) 5, 15

09 (1) 6, 24 (2) 6, 6 (3) 6, 24

10 (1) 3, 18 (2) 3, 3 (3) 3, 18

11 (1) 4, 32 (2) 4, 4 (3) 4, 32

110～111쪽

수해력을 높여요

01 12

02 16, 24, 32 / 32

03 9, 3, 27

04 5, 15

05 (1) 7, 14 (2) 7, 7 (3) 7, 14

06 (1) 5, 5 (2) 7, 3

07 6

08

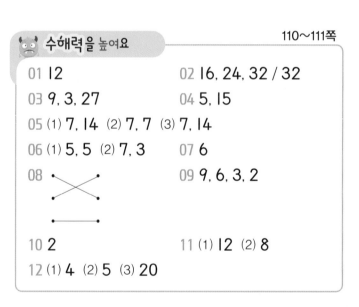

09 9, 6, 3, 2

10 2

11 (1) 12 (2) 8

12 (1) 4 (2) 5 (3) 20

01 과자가 한 줄에 6개씩 2줄이므로 과자는 모두 12개입니다.

02 귤이 한 줄에 8개씩 4줄이므로 귤은 모두 32개입니다.

03 쿠키를 3개씩 묶으면 9묶음이고, 9개씩 묶으면 3묶음입니다. 따라서 쿠키는 모두 27개입니다.

04 별 모양을 3개씩 묶으면 5묶음이므로 모두 15개
입니다.

05 (1) 2씩 7묶음은 14입니다.
(2) 2씩 7묶음은 2의 7배입니다.
(3) 2의 7배는 14입니다.

06 (1) 5를 5번 더한 것은 5의 5배입니다.
(2) 7을 3번 더한 것은 7의 3배입니다.

07 자전거 한 대에는 바퀴가 2개씩 있고 자전거는 모
두 6대입니다. 바퀴의 수는 2씩 6묶음과 같으므
로 2의 6배입니다.

08 3의 5배는 15입니다.
7의 2배는 14입니다.
4의 4배는 16입니다.

09 수박을 2씩 묶으면 9묶음이므로 2의 9배입니다.
수박을 3씩 묶으면 6묶음이므로 3의 6배입니다.
수박을 6씩 묶으면 3묶음이므로 6의 3배입니다.
수박을 9씩 묶으면 2묶음이므로 9의 2배입니다.

10 5의 8배는 40이므로 ㉠은 40입니다.
4의 5배는 20이므로 ㉡은 20입니다.
따라서 ㉠은 ㉡의 2배입니다.

11 한 송이에 4개씩 달린 바나나가 6송이 있으므로
바나나는 4의 6배인 24개입니다.
(1) 바나나 24개를 2개씩 묶으면 12묶음이므로 2
개씩 12명이 똑같이 나누어 먹을 수 있습니다.
(2) 바나나 24개를 3개씩 묶으면 8묶음이므로 3
개씩 8명이 똑같이 나누어 먹을 수 있습니다.

12 (1) 덧셈식에서 4는 똑같이 나누어준 색종이의 장
수이므로 한 명당 4장씩 나누어 주었습니다.
(2) 4씩 똑같이 5번 더했으므로 색종이를 받은 사
람은 5명입니다.
(3) 4를 5번 더한 덧셈식은 4의 5배이므로 색종
이는 모두 20장입니다.

수해력을 완성해요

대표 응용 **1** 18 / 9, 2 / 2
1-1 3개

대표 응용 **2** 3, 6 / 4, 8 / 8
2-1 15개

대표 응용 **3** 20 / 4 / 24
3-1 25   **3**-2 13

대표 응용 **4** 7 / 7, 7, 7, 7, 7, 28 / 28
4-1 54 cm

1-1 주먹밥은 3개씩 4개의 접시에 담겨 있으므로 모두
12개입니다. 12개의 주먹밥을 한 접시에 4개씩
담으려면 접시는 3개가 필요합니다.

2-1 다섯째에 붙여야 할 스티커는 3의 5배이므로 15
개입니다.

3-1 7의 3배는 21이므로 ㉠은 21입니다.
9의 4배는 36이므로 ㉡은 4입니다.
따라서 ㉠과 ㉡의 합은 21+4=25입니다.

3-2 7의 4배는 28이므로 ㉠은 7입니다.
5의 6배는 30이므로 ㉡은 6입니다.
따라서 ㉠과 ㉡의 합은 7+6=13입니다.

4-1 장남감 소방차는 6대이므로 9의 6배를 덧셈식으
로 나타내면
9+9+9+9+9+9=54(cm)입니다.

2. 곱셈식

116~117쪽

 수해력을 확인해요

01 4, 24, 6, 4, 24
02 5, 20, 4, 5, 20
03 3, 21, 7, 3, 21
04 6, 18, 3, 6, 18
05 4, 32, 8, 4, 32

06 $9+9+9+9=36$ / $9\times4=36$
07 $6+6+6+6+6=30$ / $6\times5=30$
08 $9+9=18$ / $9\times2=18$
09 $3+3+3+3+3+3+3=21$ / $3\times7=21$
10 $7+7+7=21$ / $7\times3=21$
11 $5+5+5+5+5+5+5+5=40$ / $5\times8=40$

118~119쪽

수해력을 높여요

01 4, 6, 4
02 (1) 27, 3, 27 (2) 21, 7, 3, 21
03 6, 3, 18
04 5, 5, 15, 3, 15
05 6, 2, 6, 12
06 4, 4, 4, 16
07 (그림 참조)
08 풀이 참조
09 30마리
10 ㉣
11 (1) 5, 5, 5, 5, 5, 30 (2) 6, 30 (3) 30
12 2, 2, 2, 2, 2, 10 / 2, 5, 10

01 6의 4배를 곱셈식으로 나타내면 6×4입니다.

02 (1) 9의 3배는 27이고 곱셈식으로 나타내면
$9\times3=27$입니다.
(2) $7+7+7=21$이고 곱셈식으로 나타내면
$7\times3=21$입니다.

03 거북이가 6마리씩 3묶음이므로 곱셈식으로 나타내면 $6\times3=18$입니다.

04 쌓기나무가 5개씩 3묶음이므로 덧셈식으로 나타내면 $5+5+5=15$이고 곱셈식으로 나타내면 $5\times3=15$입니다.

05 안경알은 2씩 6묶음이고 곱셈식으로 나타내면 $2\times6=12$입니다.

06 클로버 잎은 4의 4배이므로 곱셈식으로 나타내면 $4\times4=16$입니다.

07 3의 5배는 3×5, 9 곱하기 2는 9×2, 4씩 4묶음은 4×4입니다.

08 토끼 인형의 수는 18개입니다.
18은 2씩 9묶음인 2×9, 3씩 6묶음인 3×6으로 나타낼 수 있습니다.

$$\boxed{\;\textcircled{2×9}\quad\textcircled{3×6}\quad 4\times4\quad 5\times3\;}$$

09 고양이는 5씩 6묶음 그려져 있으므로 담요에 그려진 고양이의 수는 $5\times6=30$(마리)입니다.

10 ㉠ 5의 4배는 $5\times4=20$입니다.
㉡ $3\times7=21$
㉢ 6씩 3묶음은 $6\times3=18$입니다.
㉣ 8의 3배는 $8\times3=24$입니다.
따라서 가장 큰 수를 나타내는 것은 ㉣입니다.

11 (1) 덧셈식으로 나타내면
$5+5+5+5+5+5=30$입니다.
(2) 곱셈식으로 나타내면 $5\times6=30$입니다.

12 바람개비 1개를 만드는데 2장의 색종이가 필요하므로 바람개비 5개를 만들기 위해 필요한 색종이의 수를 덧셈식과 곱셈식으로 나타내면
덧셈식 $2+2+2+2+2=10$
곱셈식 $2\times5=10$

수해력을 완성해요

대표 응용 1 4 / 3 / 4, 3, 12

1-1 24   **1**-2 24

1-3 14   **1**-4 3

대표 응용 2 5, 5, 10 / 7, 7, 14 / 14, 10, 4, 4

2-1 12권

대표 응용 3 8, 6 / 8, 5 / 40

3-1 42

1-1 $5 \times \square = 15$에서 5를 3번 더해야 15가 되므로
$\square$는 3입니다.
$\square \times 7 = 56$에서 8을 7번 더해야 56이 되므로
$\square$는 8입니다.
따라서 두 수의 곱은 $3 \times 8 = 24$입니다.

1-2 6의 6배는 36이고 9의 ★배와 같으므로 ★은 4
입니다.
3의 8배는 24이고 4의 ♥배와 같으므로 ♥는 6
입니다.
따라서 ★ × ♥ $= 4 \times 6 = 24$입니다.

1-3 ▲의 4배는 24이므로 ▲는 6입니다.
3의 ●배는 24이므로 ●는 8입니다.
따라서 ▲ + ● $= 6 + 8 = 14$입니다.

1-4 $7 \times ㉠ = 56$에서 7의 8배는 56이므로 ㉠$=8$입
니다.
㉠ × ㉡ $= 24$에서 ㉠$=8$이고 8의 3배는 24이
므로 ㉡은 3입니다.

2-1 나래는 지수가 읽은 동화책 수인 4권의 3배를 읽
었으므로 $4 \times 3 = 12$(권)을 읽었습니다.
성호는 지수가 읽은 동화책 수의 6배를 읽었으므
로 $4 \times 6 = 24$(권)을 읽었습니다.
따라서 성호는 나래보다 $24 - 12 = 12$(권)을 더
읽었습니다.

3-1 4장의 수 카드 중에서 곱셈식으로 나타낸 곱이 가
장 큰 경우는 가장 큰 수와 두 번째로 큰 수의 곱이
므로 $7 \times 6 = 42$입니다.

수해력을 확장해요

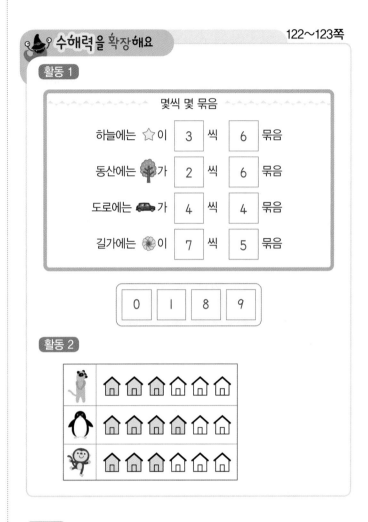

활동 1

동시에 사용된 수는 2, 3, 4, 5, 6, 7이므로 0부터 9
까지의 수 중 동시에 사용되지 않은 수는 0, 1, 8, 9이
고 작은 수부터 차례로 쓰면 0, 1, 8, 9가 됩니다.
따라서 보물상자의 비밀번호는 0189입니다.

활동 2

🦝 은 4마리씩 한 가족이므로 4씩 묶으면 4씩 3묶음
이 되므로 미어캣에게 필요한 집은 3채입니다.

🐧 은 6마리씩 한 가족이므로 6씩 묶으면 6씩 4묶음
이 되므로 펭귄에게 필요한 집은 4채입니다.

🐵 는 5마리씩 한 가족이므로 5씩 묶으면 5씩 3묶음
이 되므로 원숭이에게 필요한 집은 3채입니다.

곱셈구구

1. 2, 5, 3, 6단 곱셈구구

🐲 **수해력을 확인해요**   128~131쪽

01 (1) 2	(2) 2, 4	05 (1) 6	(2) 6, 12
02 (1) 3	(2) 3, 6	06 (1) 7	(2) 7, 14
03 (1) 4	(2) 4, 8	07 (1) 8	(2) 8, 16
04 (1) 5	(2) 5, 10	08 (1) 9	(2) 9, 18

09 (1) 2	(2) 2, 10	13 (1) 6	(2) 6, 30
10 (1) 3	(2) 3, 15	14 (1) 7	(2) 7, 35
11 (1) 4	(2) 4, 20	15 (1) 8	(2) 8, 40
12 (1) 5	(2) 5, 25	16 (1) 9	(2) 9, 45

17 (1) 2	(2) 2, 6	21 (1) 6	(2) 6, 18
18 (1) 3	(2) 3, 9	22 (1) 7	(2) 7, 21
19 (1) 4	(2) 4, 12	23 (1) 8	(2) 8, 24
20 (1) 5	(2) 5, 15	24 (1) 9	(2) 9, 27

25 (1) 2	(2) 2, 12	29 (1) 6	(2) 6, 36
26 (1) 3	(2) 3, 18	30 (1) 7	(2) 7, 42
27 (1) 4	(2) 4, 24	31 (1) 8	(2) 8, 48
28 (1) 5	(2) 5, 30	32 (1) 9	(2) 9, 54

🐲 **수해력을 높여요**   132~133쪽

01 (1) 6 (2) 12 (3) 12
02 ☆☆☆☆☆☆☆ / ☆☆☆☆☆☆☆

03 7, 14   04 5, 25
05 (1) 12 (2) 12 06 (선 잇기)

07 9, 54   08 8, 24 / 4, 24
09 (1) 8 (2) 40 (3) 9 (4) 8

---

10 24   11 6, 5, 30
12 5, 4, 20

01 (1) 뿔이 2개인 염소가 6마리 있습니다.
   (2) 2+2+2+2+2+2=12
   (3) 2×6=12

02 2씩 7묶음이므로 2묶음을 더 그리면 됩니다.

03 매일 2병씩 7일 동안 마시는 물은 2의 7배와 같
   고 곱셈식으로는 2×7=14입니다.

04 수직선의 한 칸이 5이므로 5칸씩 5번 뛰어 세면
   25입니다.
   이를 곱셈식으로 나타내면 5×5=25입니다.

05 주사위 눈은 3이고 주사위가 4개 있습니다.
   (1) 3+3+3+3=12
   (2) 3×4=12

06 3×3=9, 3×7=21, 3×9=27

07 숫자 6이 쓰인 공이 9개 있으므로 곱셈식으로 나
   타내면 6×9=54입니다.

08 야구공은 3씩 8묶음이므로 3×8=24입니다.
   야구공은 6씩 4묶음이므로 6×4=24입니다.

09 (1) 2× 8 =16 (2) 5×8= 40
   (3) 3× 9 =27 (4) 6× 8 =48

10 3×▲=12에서 3×4=12이므로 ▲는 4입니다.
   5×●=30에서 5×6=30이므로 ●는 6입니다.
   따라서 ▲×●=4×6=24입니다.

11 남은 달걀이 6씩 5묶음이므로 남은 달걀의 수는
   6×5=30(개)입니다.

12 5명이 한 팀이 되도록 4팀을 구성했으므로 5씩 4
   묶음입니다. 따라서 긴줄넘기에 참가하는 사람은
   5×4=20(명)입니다.

수해력을 완성해요

대표 응용 1 18 / 21 / 2

1-1 8개

1-2 19, 20, 21, 22, 23, 24

1-3 20   **1**-4 24

대표 응용 2 5, 10 / 3, 15 / 10, 15, 25, 25, 12

2-1 28장   **2**-2 3개

2-3 30개   **2**-4 106 cm

1-1 $5 \times 3 = 15$이고 $6 \times 4 = 24$이므로 15와 24 사이에 있는 수는 16, 17, 18, 19, 20, 21, 22, 23으로 모두 8개입니다.

1-2 $3 \times 6 = 18$이고 $5 \times 5 = 25$이므로 18과 25 사이에 있는 수는 19, 20, 21, 22, 23, 24입니다.

1-3 $2 \times 8 = 16$이고 $3 \times 8 = 24$이므로 16과 24 사이에 있는 수는 17, 18, 19, 20, 21, 22, 23입니다. 이 중에서 $5 \times 4 = 20$이므로 5단 곱셈구구에 있는 수는 20입니다.

1-4 ㉠ $2 \times 9 = 18$이고 $5 \times 6 = 30$이므로 18과 30 사이에 있는 수는 19, 20, 21, 22, 23, 24, 25, 26, 27, 28, 29입니다.
㉡ ㉠을 만족하는 수 중에서 3단 곱셈구구에 있는 수는 21, 24, 27입니다.
㉢ 21, 24, 27 중에서 6단 곱셈구구에 있는 수는 24입니다.

2-1 꽃과 나비를 만드는데 각각 6장씩 썼으므로 사용한 색종이는 $6 \times 2 = 12$(장)입니다.
색종이 5장씩을 모둠 친구 4명에게 각각 나누어 주었으므로 나누어 준 색종이는 $5 \times 4 = 20$(장)입니다. 따라서 사용한 색종이는 $12 + 20 = 32$(장)이므로 남은 색종이는 $60 - 32 = 28$(장)입니다.

2-2 엄마에게 두 가지 맛의 사탕을 각각 6개씩 받았으므로 $6 \times 2 = 12$(개)만큼 사탕이 있습니다.
사탕을 3개씩 동생 3명에게 각각 나누어 주었으므로 나누어 준 사탕은 $3 \times 3 = 9$(개)입니다.
따라서 나누어 주고 남은 사탕은 $12 - 9 = 3$(개)입니다.

2-3 희수가 산 컵케이크는 $3 \times 4 = 12$(개)이고, 새별이가 산 컵케이크는 $6 \times 3 = 18$(개)입니다.
따라서 희수와 새별이가 산 컵케이크는 모두 $12 + 18 = 30$(개)입니다.

2-4 포장 상자를 꾸민 길이는 $5 \times 7 = 35$(cm)입니다. 동생에게 준 길이는 $6 \times 8 = 48$(cm)이고 남은 리본은 23 cm입니다. 따라서 처음에 있던 리본은 $35 + 48 + 23 = 106$(cm)입니다.

2. 4, 8, 7, 9단 곱셈구구

수해력을 확인해요

01 (1) 2	(2) 2, 8	05 (1) 6	(2) 6, 24
02 (1) 3	(2) 3, 12	06 (1) 7	(2) 7, 28
03 (1) 4	(2) 4, 16	07 (1) 8	(2) 8, 32
04 (1) 5	(2) 5, 20	08 (1) 9	(2) 9, 36
09 (1) 2	(2) 2, 16	13 (1) 6	(2) 6, 48
10 (1) 3	(2) 3, 24	14 (1) 7	(2) 7, 56
11 (1) 4	(2) 4, 32	15 (1) 8	(2) 8, 64
12 (1) 5	(2) 5, 40	16 (1) 9	(2) 9, 72
17 (1) 2	(2) 2, 14	21 (1) 6	(2) 6, 42
18 (1) 3	(2) 3, 21	22 (1) 7	(2) 7, 49
19 (1) 4	(2) 4, 28	23 (1) 8	(2) 8, 56
20 (1) 5	(2) 5, 35	24 (1) 9	(2) 9, 63
25 (1) 2	(2) 2, 18	29 (1) 6	(2) 6, 54
26 (1) 3	(2) 3, 27	30 (1) 7	(2) 7, 63
27 (1) 4	(2) 4, 36	31 (1) 8	(2) 8, 72
28 (1) 5	(2) 5, 45	32 (1) 9	(2) 9, 81

수해력을 높여요

01 6, 24

02 (1) 20 (2) 8 (3) 9

03 4, 32

04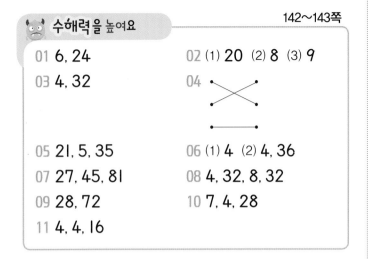

05 21, 5, 35

06 (1) 4 (2) 4, 36

07 27, 45, 81

08 4, 32, 8, 32

09 28, 72

10 7, 4, 28

11 4, 4, 16

01 책상 한 개에 다리가 4개이고, 책상이 6개 있으므로 곱셈식으로 나타내면 4×6=24(개)입니다.

02 (1) 4×5=20 (2) 4×8=32
   (3) 4×9=36

03 8씩 4묶음이므로 곱셈식으로 나타내면
   8×4=32입니다.

04 8×3=24, 8×7=56, 8×5=40

05 수직선에서 한 칸은 7이고 ㉠은 7씩 3칸이므로
   7×3=21입니다.
   ㉡은 7씩 5칸이므로 7×5=35입니다.

06 포도알이 9개 달린 포도송이 스티커가 4개이므로
   포도알의 수는 모두 9×4=36(개)입니다.

07 9×3=27, 9×5=45, 9×9=81

08 귤의 개수를 두 가지 곱셈식으로 나타내면
   8×4=32(개), 4×8=32(개)입니다.

09 ▲×▲=16에서 4×4=16이므로 ▲는 4입니다.
   ■×■=49에서 7×7=49이므로 ■는 7입니다.
   ●×●=64에서 8×8=64이므로 ●는 8입니다.
   ◆×◆=81에서 9×9=81이므로 ◆는 9입니다.
   따라서 ▲×■=4×7=28이고,
   ●×◆=8×9=72입니다.

10 일주일은 7일이고 성호네 가족은 오늘부터 4주 후
   에 가족여행을 가므로 오늘부터 7×4=28(일)
   후에 가족여행을 갑니다.

11 하얀색 동그라미는 4씩 4개가 있으므로 모두
   4×4=16(개)입니다.

수해력을 완성해요

대표 응용 1 12, 20, 28, 32, 36 / 16, 24, 32 / 27, 32

1-1 28   1-2 45

1-3 16   1-4 36

대표 응용 2 8 / 5, 9 / 26

2-1 22

대표 응용 3 6, 42 / 42, 45 / 5, 45, 5

3-1 8접시

1-1 7단 곱셈구구의 값 중에서 4×6=24보다 크고
   33보다 작은 값은 7×4=28입니다.

1-2 9단 곱셈구구의 값 중에서 5×8=40보다 크고
   7×7=49보다 작은 값은 9×5=45입니다.

1-3 8단 곱셈구구의 값 중에서 같은 수를 두 번 곱했을
   때의 값은 16, 64입니다.
   이 중에서 8×7=56보다 작은 수는 16입니다.

1-4 ㉠ 6단과 9단 곱셈구구에 공통으로 들어 있는 수
   는 18, 36, 54입니다.
   ㉡ 5단에서 같은 수를 두 번 곱한 곱셈구구의 값
   5×5=25보다 큽니다.
   ㉢ 7단에서 같은 수를 두 번 곱한 곱셈구구의 값
   7×7=49보다 작습니다.
   ㉠을 만족하는 세 수 18, 36, 54에서 25보다 크
   고 49보다 작은 수는 36입니다.

2-1 ㉡이 7일 때 7×㉢=49이므로 ㉢은 7입니다.
   ㉢×㉣=35, 즉 7×㉣=35이므로 ㉣은 5입니다.
   ㉠×㉣=15, 즉 ㉠×5=15이므로 ㉠은 3입니다.

따라서 ㉠+㉡+㉢+㉣=3+7+7+5=22입니다.

3-1 찹쌀떡은 한 접시에 4개씩 7접시에 담았으므로 $4\times7=28$(개)입니다.
호박떡의 개수는 전체 떡의 개수 92에서 찹쌀떡 개수를 뺀 $92-28=64$(개)입니다.
호박떡은 한 접시에 8개씩 담았고, $8\times8=64$이므로 호박떡은 8접시에 담았습니다.

3. 0, 1단 곱셈구구와 곱셈구구를 활용한 문제 해결

수해력을 확인해요

148쪽

01 (1) 2	(2) 2, 2	05 (1) 1	(2) 1, 0
02 (1) 4	(2) 4, 4	06 (1) 3	(2) 3, 0
03 (1) 6	(2) 6, 6	07 (1) 5	(2) 5, 0
04 (1) 7	(2) 7, 7	08 (1) 9	(2) 9, 0

수해력을 높여요

149~150쪽

01 4, 4

02 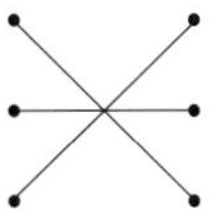

03 (1) 6 (2) 0 (3) 0 (4) 6, 0

04 (1) 0 (2) 0 (3) 0 (4) 0

05 1

06 0, 0, 5

07 ×, +

08 4, 20

09 4살

10 73

11 49 cm

12 8, 24 / 8, 24

13 22개

01 1의 4배를 곱셈식으로 나타내면 $1\times4=4$입니다.

02 $1\times3=3$, $1\times7=7$, $1\times1=1$

03 (1) 접시의 개수는 6개입니다.
(2) 한 개의 접시에 담겨져 있는 과자는 0개입니다.
(3) 6개의 접시에 담겨져 있는 과자는 0개입니다.
(4) 곱셈식으로 나타내면 $0\times6=0$입니다.

04 (1) $4\times0=0$ (2) $0\times5=0$
(3) $7\times0=0$ (4) $0\times8=0$

05 5×㉠=0에서 ㉠은 0입니다.
9×㉡=9에서 ㉡은 1입니다.
따라서 ㉠+㉡=1입니다.

06 ▲+▲+▲+▲+▲+▲=0에서 ▲는 0입니다.
●×6=6에서 ●은 1입니다.
◆×◆=25에서 ◆는 5입니다.
따라서 ▲×●=0×1=0,
▲×◆=0×5=0, ●×◆=1×5=5입니다.

07 $8\times1=8$이고 $8+1=9$입니다.

08 사각형 모양에는 나무젓가락이 4개이고 이러한 사각형 모양이 5개이므로 $4\times5=20$입니다.

09 지유 할아버지의 나이는 $9\times9=81$(살)입니다.
지유 할머니의 나이는 $9\times8=72$(살)보다 5살 많은 77살입니다. 따라서 지유 할아버지와 할머니의 나이는 $81-77=4$(살) 차이입니다.

10 $1\times3=3$, $2\times4=8$, $3\times3=9$, $4\times2=8$, $5\times3=15$, $6\times5=30$이므로 모두 더하면 $3+8+9+8+15+30=73$입니다.

11 연필의 길이는 7 cm이고 연필의 개수는 7개이므로 책상의 가로의 길이는 $7\times7=49$(cm)입니다.

12 창문은 3개씩 8줄이므로 $3\times8=24$, 또한 창문은 8개씩 3줄이므로 $8\times3=24$입니다.

13 한 모둠에 4명인 3모둠의 학생은 모두
   $4 \times 3 = 12$(명)입니다.
   한 모둠에 5명인 2모둠의 학생은 모두
   $5 \times 2 = 10$(명)입니다.
   한 모둠에 4명인 모둠은 한 사람당 한 개씩 탬버린
   을 나누어 주고 한 모둠에 5명인 모둠에는 한 사람
   당 한 개씩 실로폰을 나누어 주려고 할 때 필요한
   탬버린과 실로폰 모두 $12 + 10 = 22$(개)입니다.

151쪽

🦞 수해력을 완성해요

대표 응용 **1** 3, 24 / 3, 24 / 27

1-1 금요일

대표 응용 **2** 6 / 32, 8, 32 / 6, 8, 14

2-1 9대

1-1 7단 곱셈구구의 값 $7 \times 1 = 7$, $7 \times 2 = 14$,
   $7 \times 3 = 21$, $7 \times 4 = 28$이 모두 있는 요일은
   금요일입니다.

2-1 드론의 전체 날개 수의 합은 46개이고, 날개가
   4개인 드론의 날개 수의 합이 16개이므로 날개가
   6개인 드론의 날개 수의 합은 $46 - 16 = 30$(개)
   입니다.
   날개가 4개인 드론은 $4 \times 4 = 16$이므로 4대이
   고, 날개가 6개인 드론은 $6 \times 5 = 30$이므로 5대
   입니다.
   따라서 드론은 모두 $4 + 5 = 9$(대)입니다.

4. 곱셈표 만들기와 규칙 찾기

🦞 수해력을 확인해요

154쪽

01
×	5	6
3	15	18
4	20	24

02
×	2	3	4
5	10	15	20
6	12	18	24
7	14	21	28

03
×	6	7	8	9
6	36	42	48	54
7	42	49	56	63
8	48	56	64	72

04
×	4	5	6	7
2	8	10	12	14
3	12	15	18	21
4	16	20	24	28
5	20	25	30	35

05
×	3	4	5	6	7	8
2	6	8	10	12	14	16
3	9	12	15	18	21	24
4	12	16	20	24	28	32
5	15	20	25	30	35	40

06
×	4	5	6	7	8	9
3	12	15	18	21	24	27
4	16	20	24	28	32	36
5	20	25	30	35	40	45
6	24	30	36	42	48	54

07
×	2	3	4	5	6	7	8	9
3	6	9	12	15	18	21	24	27
4	8	12	16	20	24	28	32	36

155~156쪽

08

×	6	7	8
3	18	21	24
4	24	28	32
5	30	35	40
6	36	42	48
7	42	49	56

🐮 수해력을 높여요

01 (1) **4** (2) **8**

02 6×7

03

×	1	2	3	4	5	6	7	8	9
1	1	2	3	4	5	6	7	8	9
2	2	4	6	8	10	12	14	16	18
3	3	6	9	12	15	18	21	24	27
4	4	8	12	16	20	24	28	32	36
5	5	10	15	20	25	30	35	40	45
6	6	12	18	24	30	36	42	48	54
7	7	14	21	28	35	42	49	56	63
8	8	16	24	32	40	48	56	64	72
9	9	18	27	36	45	54	63	72	81

04 2×8, 4×4, 8×2

05

×	0	1	2	3	4	5
0	0	0	0	0	0	0
1	0	1	2	3	4	5

06

×	1	2	3
1	1	2	3
2	2	4	6
3	3	6	9

07

×	2	3	4	5	6	7
4	8	12	16	20	24	28
5	10	15	20	25	30	35
6	12	18	24	30	36	42

08

×	3	4	5	6	7	8
3						
4					㉠	
5						
6						
7		28				
8						

09

×	1	2	3	4	5
1	1	2	3	4	5
2	2	4	6	8	10
3	3	6	9	12	15
4	4	8	12	16	20
5	5	10	15	20	25

10 예 오른쪽으로 갈수록 **4**씩 커지는 규칙이 있습니다.

11 **48**

12 **5, 0, 5**

13

×	2	4	6	8
2	4	8	12	16
4	8	16	24	32
6	12	24	36	48
8	16	32	48	64

14 예 $2 \times 2 = 4$, $4 \times 4 = 16$, $6 \times 6 = 36$, $8 \times 8 = 64$로 같은 수를 두 번 곱한 것입니다.

15 세연

01 (1) **4**단 곱셈구구는 곱이 **4**씩 커집니다.
(2) **8**단 곱셈구구는 곱이 **8**씩 커집니다.

02 곱셈표에서 7×6과 곱이 같은 곱셈구구는 6×7입니다.

03 곱이 **36**인 곱셈구구는 4×9, 6×6, 9×4입니다.

04 곱셈표에서 곱이 **16**인 곱셈구구는 $2 \times 8 = 16$, $4 \times 4 = 16$, $8 \times 2 = 16$입니다.

05 **0**과의 곱은 모두 **0**이고 **1**과 어떤 수의 곱은 **1**이 아닌 어떤 수입니다.

07 곱이 **24**보다 작은 칸에 색칠합니다.

08 $4 \times 7 = 28$

○과 곱이 같은 것은 $7 \times 4 = 28$입니다.

09 ▨으로 칠해진 곳은 **3**단 곱셈구구로 오른쪽으로 갈수록 **3**씩 커집니다.

규칙이 같은 곳은 **3**단 곱셈구구로 아래로 갈수록 **3**씩 커지는 규칙입니다.

10 **4**, **8**, **12**, **16**, **20**으로 **4**단 곱셈구구이므로 오른쪽으로 갈수록 **4**씩 커지는 규칙이 있습니다.

11 $6 \times 8 = 48$, $8 \times 6 = 48$이므로 **48**입니다.

12 색칠한 부분은 **5**단 곱셈구구이고, 일의 자리에 **0**과 **5**가 반복됩니다.

14 초록색 점선 위에 놓인 수들은 $2 \times 2 = 4$, $4 \times 4 = 16$, $6 \times 6 = 36$, $8 \times 8 = 64$로 같은 수를 두 번 곱한 것입니다.

15 세연의 설명이 잘못되었습니다. 올바른 설명은 "곱셈표의 수들은 **2**, **4**, **6**, **8**단 곱셈구구이므로 모두 짝수입니다."입니다.

157쪽

🧌 수해력을 완성해요

> **대표 응용 1** 3 / 24, 24 / 8, 3, 8, 11
>
> **1-1** 7
>
> ....
>
> **대표 응용 2** 35 / 8, 32 / 35, 32, 67
>
> **2-1** 46

1-1 $2 \times 3 = $ ○이므로 ○은 **6**입니다.

ⓒ$\times$○$=$○이므로 ⓒ$\times 6 = 6$에서 ⓒ은 **1**입니다.

따라서 ○$+$ⓒ$= 6 + 1 = 7$입니다.

2-1 ○$\times 3 = 12$이므로 ○은 **4**입니다.

○$\times ● = 24$이고 $4 \times ● = 24$이므로 ●는 **6**입니다.

$7 \times ● = $ⓒ에서 $7 \times 6 = 42$이므로 ⓒ은 **42**입니다.

따라서 ○$+$ⓒ$= 4 + 42 = 46$입니다.

158~159쪽

🧙 수해력을 확장해요

활동 1

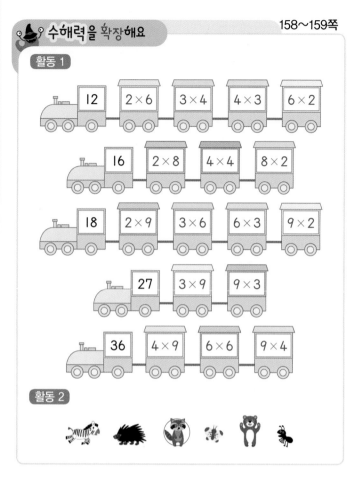

활동 2

활동 2

$0 \times 9 = 0$, $3 \times 7 = 21$, $5 \times 3 = 15$, $7 \times 4 = 28$, $6 \times 5 = 30$, $4 \times 8 = 32$, $2 \times 6 = 12$, $8 \times 8 = 64$, $9 \times 7 = 63$, $6 \times 1 = 6$

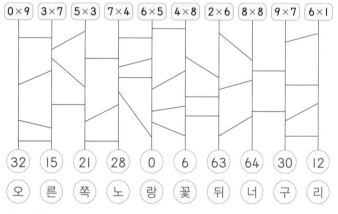

따라서 오른쪽 노랑꽃 뒤에 숨은 너구리가 술래입니다.

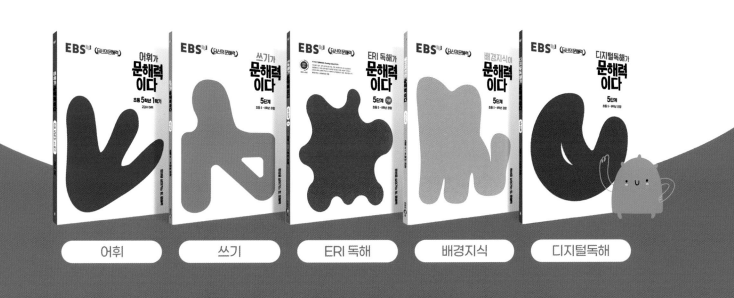

권장 학년	예비 초등	초등 1학년	초등 2학년	초등 3학년	초등 4학년	초등 5학년	초등 6학년
수·연산	P단계	1단계	2단계	3단계	4단계	5단계	6단계
도형·측정	P단계	1단계	2단계	3단계	4단계	5단계	6단계

EBS 초등 수해력 시리즈

권장 학년	예비 초등	초등 1학년	초등 2학년	초등 3학년	초등 4학년	초등 5학년	초등 6학년
수·연산	P단계	1단계	2단계	3단계	4단계	5단계	6단계
도형·측정	P단계	1단계	2단계	3단계	4단계	5단계	6단계

01
단원

⚠ 32쪽에 사용하세요.

600

70

251

387

480

569

03
단원

⚠ 101쪽에 사용하세요.

24+19−17
=36

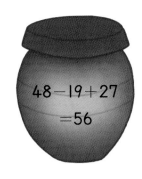
48−19+27
=56

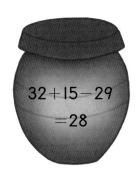
32+15−29
=28

강화 단원으로 키우는
초등 수해력

수학 교육과정에서의 **중요도와 영향력**, 학생들이 특히 **어려워하는 내용**을 **분석**하여
다음 학년 수학이 더 쉬워지도록 선정하였습니다.

 개념 강화
향후 수학 학습에 **영향력이 큰 개념 요소**를 선정했습니다.
탄탄한 개념 이해가 가능하도록 꼭 집중하여 학습해 주세요.

 연습 강화
무엇보다 문제 풀이를 반복하는 것이 중요한 단원을 의미합니다.
충분한 반복 연습으로 계산 실수를 줄이도록 학습해 주세요.

 응용 강화
실생활 활용 문제가 자주 나오는, **응용 실력**을 길러야 하는 단원입니다.
다양한 유형으로 **문제 해결 능력**을 길러 보세요.

수·연산과 도형·측정을 함께 학습하면 학습 효과 상승!

수·연산

수의 특성과 연산을 학습하는 영역으로 자연수, 분수, 소수 등
수의 체계 확장에 따라 수와 사칙 연산을 익히며
수학의 기본기와 응용력을 다져야 합니다.

수와 연산은 학년마다 개념이 점진적으로 확장되므로
개념 연결 구조를 이용하여 사고를 확장하며 나아가는 나선형 학습이 필요합니다.

도형·측정

여러 범주의 도형이 갖는 성질을 탐구하고, 양을 비교하거나 단위를 이용하여
수치화하는 학습 영역입니다.
논리적인 사고력과 현상을 해석하는 능력을 길러야 합니다.

도형과 측정은 여러 학년에서 조금씩 배워 휘발성이 강하므로 도출되는 원리
이해를 추구하고, 충분한 연습으로 익숙해지는 과정이 필요합니다.

초등

수·연산

다음 학년 수학이 쉬워지는

수해력

2단계

| 초등 2학년 권장 |

정답과 풀이는 EBS 초등사이트(primary.ebs.co.kr)에서 다운로드 받으실 수 있습니다.

교재
내용
문의
교재 내용 문의는 EBS 초등사이트
(primary.ebs.co.kr)의 교재 Q&A 서비스를
활용하시기 바랍니다.

교재
정오표
공지
발행 이후 발견된 정오 사항을 EBS 초등사이트
정오표 코너에서 알려 드립니다.
강좌/교재 → 교재 로드맵 → 교재 선택 → 정오표

교재
정정
신청
공지된 정오 내용 외에 발견된 정오 사항이
있다면 EBS 초등사이트를 통해 알려 주세요.
강좌/교재 → 교재 로드맵 → 교재 선택 → 교재 Q&A